If not me, who?
If not now, when?

人生
準備40%
就先衝

掌握專業，運用天賦
不斷練習，抓住關鍵變數

謝文憲——— 著

加倍奉還的人生態度

文／吳家德　NU PASTA 總經理、職場作家

「我的無能爲力，可能是別人的舉手之勞。」 這句話是我的摯友憲哥在演講場合說出來的話。

人生在世，是一場馬拉松的競賽。這個競賽不是要跟別人比，而是自我成長的過程。問問自己，隨著年紀增長，閱歷漸豐，自己的人生有沒有更好，更快樂，更幸福才是。

憲哥是我認識十多年的好友。我有任何需要他幫忙的地方，他總是一口答應，沒有第二句話。就拿我在 2023 年在台北的新書發表會，當我提出請他幫忙站台，他也是二話不說，馬上說好。

人與人情感的累積與堆疊，都是互相幫忙與互助美好的成果。過去這些年，憲哥之所以會一直幫我，我想跟我自己正在做的事也有關係。我做公益募款，他寫文幫忙轉分享；我出書助人，他寫推薦序力挺；我辦唯賀講堂，他撥冗下鄉開講。我想，從他的角度來看，他覺得我都在做利益大眾的事，他便義無反顧的協助。

憲哥幫我的這些種種，我當然要還，而且是加倍奉還。但還的方式，不是對價的方式，而是把這份情傳下去，讓更多有緣眾生感受到世間的愛與溫暖。給予不是能力，而是意

願。意願來自價值觀的認同與相知相惜。

　　能幫憲哥的新書《人生準備 40% 就先衝》寫序，這當然是我的榮幸，也是我有機會還他恩情的最佳時刻。

　　這本書非常適合職場工作者閱讀，不論是資淺或資深，都能受惠。憲哥用他數十年的工作經驗，一路娓娓道來他的人生智慧，讀來感同身受，也超有共鳴。職場，也是修行的道場，這本書，提供了永保安康的快樂心法。

無可取代的風景

文／張瀞仁　Give2Asia 慈善顧問

卡麥蓉迪雅茲說過「變老是一種特權」，這句話從往日的美國甜心嘴巴裡面說出來好像沒有什麼說服力；但直到看到這本書，我才知道這句話是什麼意思。

憲哥是我的老師、幫我推薦書讓我踏上國際舞台的人，但有段時間，我不知道該怎麼做。我知道他陷入低潮、身體出狀況、電影投資不如計畫中順利；但見面時，他都還是元氣滿滿、充滿鬥志，還是那個跟我說「你有看過總教練去安慰彭政閔嗎？ A 咖不需要這些」的行動力先驅。

比起上一版的《人生準備 40% 就衝了》，憲哥把這些在低潮和挫折中學習到的經驗，慷慨無私的分享出來。「這真的可以寫嗎？」我雖然邊看邊擦冷汗，但心中更多的是深深的感謝，畢竟不是所有 A 咖都願意讓別人看到自己沒那麼順風順水的一面。就像甲子園強權仙台育英教練說的「只有在輸球的時候，人生價值才會出現」；即使經歷了人生中的重大轉折，憲哥的人生價值，此刻仍然閃閃發亮。

對於這本書可以用這種不同的深度、帶著不同的智慧再版，我感動又感謝。如果時間暫停在六年前，我們或許不會經歷疫情、不會有這麼多生離死別或滄桑；但同樣，我們也永遠看不到這本書現在的模樣。卡麥蓉迪雅茲說得沒錯，變老真的是特權，謝謝憲哥讓這六年變成一段無可取代的風景。

我已經這樣衝了好幾次！

文／楊斯棓醫師　《人生路引》作者

2013 年 3 月 9 日，我上街參與遊行。19 日，我與龍應台打筆仗。接著我著手規劃環島演講，倡議公民思辨，29 日已開始第一場。

一年半內講了超過 222 場，後期演講內容以《好房子》作者邱繼哲著手改造老宅大幅節電為例，鼓勵民眾從自身改變起。

演講之初，福哥向憲哥力薦我受訪，我們因此開始熟稔。

回頭想，那場「運動」，我可能準備不到 40% 就先衝了，天使不敢走的路，傻瓜一步跨過去。

2020 年 10 月 1 日《人生路引》問世後一系列的新書讀友會，我也是「準備 40% 就先衝」。沒人料到此書引起一波波討論，討論後總能又激起一波購買。紙本加電子版，三年來到三十刷，這絕對不是作者厲害，而是有神眷顧。

近日有政治人物在杜聰明冥誕聲稱得過杜聰明獎學金，我家幾代人受恩於杜，家中本來就有許多關於杜的藏書，我一聽就知政治人物說大話，急欲為文反駁，但書在老家，手邊資料尚未備齊，初始我以引述杜基金會官網內容為主，「準備 40% 就先衝」，我同時在二手書店再度購置我已有的書籍，

等到取貨後，我再發幾篇附上出自杜的文獻的考據文章，讓該政治人物及其發言人再也不敢於此議題多越雷池一步。

為了即時捍衛某一種價值，我總是「準備40%就先衝」。

是以憲哥書名，讓我深有共鳴！

人生當然要比輸贏，但並不是跟別人比，較之昨天的自己，今天的你，應該要贏！

「衝」之前先看這本攻略

文/愛瑞克　《內在原力》系列作者、TMBA 共同創辦人

　　我在金融業工作將近十六年，裸辭而投入推廣閱讀及公益，目前是每年讀一千本書（約兩百本細讀，其餘速讀）的全職閱讀者。如此重大的人生抉擇與判斷準則，恰好與此書所談內容不謀而合。

　　憲哥和我同樣對於時間運用效能有極高要求：「管理，就是決定不做什麼」。我們以減法思維，婉拒與刪減不做的事情，將時間投注在最有熱情的事情；以乘法思維，借力使力，創造最大槓桿效益。深信「幫助別人成功，就是幫助自己成功」──這就是「利他共贏」──當我們成為了人脈網路的節點，自然可以群策群力，一起實現更重大的使命。

　　然而，兩人最大不同，在於我是內向高敏感人，做任何事情前，通常「內心戲」先上演個十遍。但是我的行動力卻不減，以不同筆名出過十本書、累積演講一千多場、舉辦過數十次的活動幫助弱勢族群。這並不衝突矛盾，此書 Part 3「養足實力，隨時保有承擔風險的彈性」道盡了一切的眉角，值得深探。

　　我在大量閱讀過程，也是吸收新知走入邊際效益遞減的過程，市面上很多書籍內容大同小異。然而，拜讀憲哥此書，卻讓我獲得不少助益，因為很多書著重在「知」，而較少著

墨於「行」。憲哥的書如其人，貫徹「知行合一」的實踐，
是此書最具價值之處，誠摯推薦給每一位該採取行動的您！

把自己活成一道光

文／劉宥彤 廣播節目《極憲形鄉會》共同主持人

　　人生在世，只要能活成一道光，溫暖自己照亮別人，那短短人世間這幾十載應該就算了無遺憾吧。

　　在這個資訊爆炸的時代，隨手可得都是聲光俱佳的豐富影像，只用聲音來傳達訊息，感覺就是那麼的平實無華，然而堅持做廣播十多年的憲哥還是把廣播做成了一道光，一道溫暖了自己也溫暖了別人的有聲光。

　　這兩年因為憲哥的提攜，和憲哥一起主持廣播節目「極憲形鄉會」，每每訪問精彩的人物，總是從中獲得滿滿的正能量。寫下這篇感言的當下，驚喜的獲得第五十八屆廣播金鐘獎，「教育文化類節目」和「教育文化類節目主持人」雙入圍。當這本書出版時，如果金鐘閃耀加持，感謝上天給予更大的豐盛，就算只是紅毯走一回，留點遺憾，也不減憲哥早已是我的一道光。

　　憲哥在我低潮沮喪時，給予溫暖的話語，鼓勵我一起製作主持電視節目，一起合作廣播主持，一起開創了「人生再發明」的世界咖啡館聚會，其實人生準備 40% 已算是夠多，因為人生沒有經歷會浪費，沒有走過，沒有路過，不會成長，更不會有驚喜。

人生總是高低起伏，好好準備 40%，其它的 60%，就用勇氣，信心，開放樂觀，以及最小成本試試看的態度來補足，這不是冒險，而是探險，帶上憲哥的書當裝備，人生這趟旅程就怕走到終點卻沒有留下任何能照亮別人的故事。

憲哥，我們會得金鐘獎嗎？機率應該是 40%，那就衝吧。

人生劇本的作者，就是我們自己

文／劉柏君（索非亞）台灣運動好事協會創辦人

2019 年憲哥開啟人生下一階段的新篇章，當一般人面對這麼多嚴峻的挑戰多半選擇休養生息，但當我邀請憲哥擔任「社團法人台灣運動好事協會理事長」時，一同來幫助台灣基層弱勢兒少運動員，以及運動中性別平等的倡議，長期關懷支持景美女中拔河隊與身障棒球的他，毫不猶豫地一口答應！憲哥的承擔與領導這三年多來回頭看，無疑是對協會和我個人發展最正確的決定！

因為在發起協會後，換成我遭遇家中變故與棒球職場兩大打擊，對於一個全新協會要成立發展就從期盼變成負擔，每當我陷入遲疑和憂慮時，憲哥總是用他中氣十足充滿感染力的聲音說：「都想清楚了，準備 40% 就可以先衝了啦！」船長這麼一喊，團隊的遲疑便頓時煙消雲散，衝啊衝啊！現在的成績就是要好好感謝過去勇於嘗試的自己。

人生或許有劇本、或許沒有，但作者就是我們自己，不管人生道路是蜿蜒小路或是康莊大道，自己的路勇敢地走。謝謝憲哥的鼓勵讓我們不待在低潮中愁雲慘霧，「準備 40% 就可以先衝了」已是我們團隊的座右銘，希望也會是您的！

做！就對了

文／魏幸怡　飛花落院執行長

飛花落院位在台中新社海拔 500 公尺的山上，在大家不看好的疫情期間開幕，在開幕前籌備了「十年」，十年有多長？如果從一個孩子上小學一年級、十年後就已經是高一了，你或許會問為什麼開一個餐廳需要那麼久？

原本預估的工期和經費都遠遠超過一開始的計畫，三年不到所有準備的資金已經捉襟見肘，地面上看得出來的建設僅僅是一堆一堆的黃土和石頭及看不見的地基，但是夢想感覺就在不遠的前方，錢都花了該放棄嗎？

每次以為經濟度過難關了，飛花落院又有新挑戰，混凝土車就等在旁邊準備要灌漿，說好的工人因為距離太遠臨時不來了，又或是剛剛綁好的鷹架因為颱風把所有的鷹架都吹倒了，甚至好幾組工班臨時說不來就不來。雨天的時候不能施工，晴天的時候沒有工人，挑戰沒有停過，也因為這樣原本預計的工期不斷的延長。

面對工期延長，經濟更是雪上加霜，但是面對問題找解決方法一向是我處理事情的態度，所以當然不可能放棄。也因為這樣麻葉集團旗下各個燒肉火鍋品牌更使出渾身解術，努力賺錢來填補建設飛花落院的坑，想盡辦法賺一點做一點。因此才發展出在電商平台銷售中秋燒肉禮盒、在五月天演唱

會設攤製作便當，舉辦十幾場名人簽書會、餐酒會、凝聚團隊向心力為了創造高業績，就怕生意如果不好過不了難關，和團隊成員互相打氣不斷的努力。

誰都不知道這些為了能多賺一點而努力練兵的過程，不但支持飛花落院能順利開幕，也在疫情那幾年運用這些學會的技能像是宅配火鍋、燒肉禮盒之外還能製作美味的餐盒，度過疫情期間餐廳無法內用沒有營收的困境。

好不容易等到飛花落院終於要開幕了，一剛開幕就立即受到市場上的關注，詢問訂位的電話鈴聲沒有停過，還在開心因為接電話而沙啞的聲音，以為雨過就要天晴，但是沒想到開幕不到一個月就遇到因為 COVID 疫情，所有的餐廳無預警全面停止內用 75 天，才剛剛獲得舒緩的經濟壓力馬上又排山倒海而來。身為老闆的我沒有時間流淚，看著存摺上的數字，帶著團隊繼續想辦法，告訴自己如果有一天開放內用了，我們要拿什麼出來給客人，因此即便不能營業我們也不能停止練習導覽、說菜，做更多的學習。

還記得在停止內用期間，一度台中市政府想要開放內用，但是發公布前改變為維持禁止內用，但是飛花落院的海鮮很多都仰賴進口，需要提前預訂，所以海鮮早就在空運的路上了。當禁止內用的訊息確定後接著我要想的就是那些高貴的海鮮該怎麼辦？和團隊想出製作生魚片禮盒再由主管兵分三路一一幫客戶送到家，為了維持新鮮、好看，想盡各種方法，

那個完成挑戰的興奮感早就凌駕了沒有營收的懊惱。

　　不放棄任何學習和自我要求的機會，不去看如果開不成怎麼辦，「做！就對了」事情不會因為有十足的把握就不會失敗，所以只要保有熱情和面對困難的勇氣，就像憲哥說的「人生準備 40% 就先衝」。

目錄

Part 3) 養足實力，隨時保有承擔風險的彈性

Part 4) 從槓桿原理看人生，加強專業，克服恐懼

Part 5 面對改變時機，抓住了就成

Part 6 想成功，掌握關鍵變數就對了

行動力先行者，77 個月後呢？

2022 年，商戰 CXO 學院第一屆開學典禮，學院夥伴請所有參與學員，拿筆寫下「給一年後的自己的一封信」，並允諾一年後寄還給大家。

最近看到幾位學員在臉書上，道出他們這一年的成長，我很為他們感到開心。

身為去年商戰 CXO 學院院長的我呢？

2017 年 5 月，透過方舟出版社出版了這本《人生準備 40% 就衝了！》，該年獲得破萬銷售佳績，也榮登博客來、金石堂年度百大暢銷書，更在該年的六月，全國巡迴七場簽書會，超過 1,200 人次參與。

77 個月過後的我，已經 55 歲，體力雖然大不如前，但積極的行動力與敏銳的觀察力卻未曾中斷，但也摔得遍體麟傷，衝得上氣不接下氣。

這 77 個月，我成功衝刺的經驗有：全國巡迴演講、海外運動旅行、與長子赴美學習運動市場、憲福育創開創榮景、大大讀書更上層樓、商戰 CXO 成功開展、企業訓練降載不停機卻仍能水漲船高、成功推出兩檔個人周邊商品、50 歲生日

演講、誰語爭鋒電視節目開播、諸多公益活動、台灣運動好事協會獲得佳績……，不計其數，我也只是印證我的想法：**掌握關鍵變數、利用槓桿與天賦，成功突破困境。**

若要提起我的低谷與挫敗，可能可以再寫一本書，包含：與運動有關的兩檔線上課、電影事業嘎然而止、結束餐廳經營、牙醫人力銀行事業判斷失準、三檔音頻均未能達到預定目標、逐步結束專欄寫作、身體傷痛不斷並罹癌、父親辭世、憲福育創後期量能趨緩、付出在家庭的時間過少、心情受到影響波及事業、優柔寡斷……等等。

「失敗並非站在成功的對面，而是未曾嘗試。」

如果試過，理應沒有遺憾，但爲何遺憾的陰霾，仍盤據我心中最深處？

或許是因爲我做得不夠好。

我可以再努力一點，再撐一段時間，多注意細節，多聽聽別人意見……，有許多這類的聲音，在我腦中不斷盤旋，心裡常想：「如果我能做到以上，就不是我了，我若凡事追求完美，我會有這些上述成績嗎？！」

我願意用比較宏觀的視角，看待我所有的決策，無論成功或是沒有成功，都是我做的決定，理應沒有遺憾，我不斷用棒球精神勉勵我自己：「**如果你想打中球，你就必須不斷揮動球棒。**」

「全壘打王，也會是被三振比例較高的球員，我不想等保送，更不想被三振，球來就打，若能加上經驗累積，讓自己的上壘率提高些，這是我想要的，這也是為什麼我特別喜歡大陸作者劉潤，用普通數學視角看商業思維的原因。」

　　77 個月前書名是《人生準備 40% 就衝了！》，77 個月後，我把「了」移除，加了「先」，希望對自己 55 歲後的人生，多一點泰然與從容、肯定與自信。

　　謝謝時報出版願意給我機會，重新再版本書，期許讓更多想追求完美的新朋友，在自怨自艾的嘆氣聲中，找到一點點繼續前進的勇氣。

2023.8.30 於瑞士

行動是軟弱的良藥，勇敢是膽怯的妙方

這是我的第七本書，過去曾感謝許多幫助過我的人，今天想好好感謝自己、辛苦卻豐碩的自己。

從小我就是個膽小的人，害怕游泳、害怕告白、害怕說話、害怕窮困，沒有嘗試過的事物都很膽怯。

在逐漸「累積小成功，創造大成就」的辛酸背後，我有著一套經典哲學：**不需凡事追求完美，只要抓住關鍵就好。**

大一經濟學裡談到的「機會成本」，是影響慘綠少年走向舞台人生的重要指引。外型並不出眾、沒有女朋友的我，不但沒有自暴自棄，更積極發展天賦：領導與演講。那段日子裡，做了許多嘗試，參選、演說、帶領團隊、活動主持，雖然現在看來有些可笑，卻也爲我的職場人生，預先擘劃一條康莊大道。

那時我就知道，抱怨別人長得比你帥是沒有用的，「**從哪裡跌到，從隔壁跑道站起來**」就對了，大家的時間都一樣，**笨蛋才會躊躇不前，浪費生命又一事無成。**

這也影響了我的未來人生觀，盡量做到不要花時間抱怨與做不當比較。

職場生活裡，影響我最深的決定是「選擇從事業務工作」。從一個別人拜託我的 HR 工作，轉換成需要天天拜託別人的工作，把自己徹底丟進需要不斷改變與行動的環境裡。「逃離窮困」成為我的目標，後面有壓力、前面有憧憬，就這樣，我一路向前，縱使前方有阻礙，跌倒再爬起，讓我一路挺進至今。

　　工作三十餘載，所有指標每年都穩定成長，無論三個業務工作、講師、作家、主持人、創業者，這些工作都有個共同點：只要找到「連貫性的策略思維」，平凡人的成功道理，其實都差不多。

　　我想特別提提「關鍵變數 X」。

　　40% 的把握，不是要你油箱只加 40%，就想從台北一路開到高雄，而是帶好信用卡或現金，知道哪裡有加油站，加上車況一定要維持不錯，才能確保達成目標，用白話文來說就是「抓大放小」。

　　我的身體並不如想像中好，也有先天宿疾，年輕時抽菸太多，雪上加霜，幸好十年前懸崖勒馬，此後積極鍛鍊身體，放鬆心情，減少生氣，正常作息，戒菸戒酒，把車況維持好。無論二十六天連戰二十一場整天課，手上有廣播節目、職場專欄、出書邀約、多間公司同時運作、社群活動、媒體通告和產品代言，我都還能游刃有餘，關鍵在於**「掌握專業、運**

用天賦、不斷練習、關鍵變數」這四個超強 CPU。

　　每每夜深人靜，身心靈極度疲累的時候，看看我的家人，殷殷期盼的讀者、聽眾、學員，人生卻仍能燃起無窮鬥志，最要感謝的是：謝文憲，我自己。凡事不輕言放棄，全力以赴，堅持到底的我自己。

　　行動克服軟弱，勇敢戰勝膽怯，感謝曾在苦難中，仍不斷向上的自己。

2017.3.30 於台北

Part 1 | 六年後，我越挫越勇

人生哪這麼多意義，樂趣也很重要。

我是如何思考個人品牌的經營策略？

「與其更好，不如不同。」一句話就說完了。

然而，我是如何思考：什麼該做？什麼不需要做？什麼該用力做？什麼只需蜻蜓點水做？

「管理，就是決定不做什麼。」我奉為圭臬。

2017 年到 2023 年，個人品牌經營的管道與模式，有很大的不同，我就維持著一貫的方式，持續前進。

2013 年開始主持廣播節目，至今也有十餘年，當 Podcast 流行的時候，我沒有跟上，原因很簡單，我只希望在「憲上充電站」轉型到「極憲彤鄉會」的節目型態上，增加「劉宥彤」這個新元素，我無意也無力再多增加一個新節目，這會對我非常困擾，尤其在時間的安排上，我善用製作人與錄音師這兩個電台資源，同步複製四個 Podcast 節目在網路上，加上原先環宇電台的隨選即播與 APP，我在聲音上的資源與曝光已經很豐富了。（註：極憲彤鄉會獲得文化部第 58 屆廣播金鐘獎兩項入圍：教育文化節目、教育文化節目主持人獎）

更重要的是：我很常上廣播電台專訪，這些節目在 YT

也都會同步露出，我只需將其設定為「我的最愛」，同步露出在我的平台上即可，大家最常問我的一句話是：「憲哥，難道您不想有自己的節目嗎？一定非得靠環宇嗎？」

其實我更想說的是：「有自己的節目，又如何？電台已經給我非常大的空間了。」

這個問題的回答，跟我在這個年紀，要不要架設自己的網站、推出付費或免費的個人訂閱電子報、做個人影音說書節目……等等，差不多的回答，我需要把資源放在更容易產生綜效的地方，才容易放大效果。

於是我開始經營短影音——這類雖然門檻低，但對我而言相對容易，對其他知識工作者相對困難的工作。

我其實掌握的是：「面對鏡頭，錄製談話影片的能力，因為我完全沒有鏡頭恐懼症。」

舉凡「謝文憲的極憲人生」臉書粉絲團的 Reels 連續影片、TiTok 上的「謝文憲的極憲思維」、IG 上的「Lewis Hsieh 謝文憲」Reels，以及 YT 上的「謝文憲的極憲思維」Shorts，雖然每一個平台起步有早有晚，但同一支六十秒以內的短影片可以同時上架四個平台，所產生的綜效，就讓我趨之若鶩了。

　　而我的錄製成本，僅有一支長影音不到二十分之一的成本，但所產生的快速流量卻是一支長影片的十倍。

　　當然我抓到的是：網友對於短影片的喜好，以及現代人沒有耐心的常態，於是，我就好好掌握「六十秒說好一個點」的能力，在半年不到時間內，創造了過去可能五年到達不了的粉絲數與互動程度。

　　但同時，我在 YT「謝文憲的極憲思維」長影片的製作，也靠衍逸、逸婕兩位朋友的幫忙，讓我拍出有質感，同時更有含金量的影片，這類影片的知識傳遞效果佳，或許需要十分鐘說好一個難度更高的知識點與示範，但對我的訓練本業的品牌擴張，有非常大的助益。

　　同時也靠他們兩位，在我的周邊商品「極憲爆米花」、「好事嗑花生」有了很好的成效。

　　我們本來想做年度日曆的，就是因為太多人做，也讓我們快速決定轉向至周邊商品的開發，為個人品牌效益延伸，產生有趣也有料的效果。

　　我也透過小兄弟鍾新亮的幫忙，開發出一款「極憲烏骨雞」，在 2022 年的夏天，傳為佳話。

　　這幾年，我成功接了羅技 spotlight 簡報筆、華碩 B9 輕薄

筆電、龍騰富御豪宅建案、JW XR21、萬里路鏡片等商業合作，我在品牌接案取捨上，有一套我自己的決策邏輯，正因為我不需要這些業配的錢，我才能做出更正確的決定。

我沒有選上的產品，不是不好，一方面可能我真的沒有時間，二方面就是品牌適合度上或許沒這麼貼近，我當然希望強強聯手，也盼望每一個合作，大家都能各取所需，展現互相拉抬的效果。

總結我的個人品牌延伸的決策思維：

1. 資源有限，更要能強強聯手。

2. 與其更好，不如不同。

3. 選要做的，其他都放棄。

4. 借力使力，創造更大綜效。

5. 在現有的基礎上，以不過度增加時間成本的情況下，做出最大的發揮。

6. 40% 的決策就是：三點不動一點動，前進都要先想為什麼？

7. 不跟風。

02 「衝對」和「衝動」一念之間

這六年來發生很多事，在自己畫的圖表中（p.67），其實都有答案。

我做決定一向很憑感覺，但心中盤算的決策變數，只有我自己知道。

從實力與把握程度，勇氣與膽怯程度，用 X、Y 軸的切割，我想跟大家聊聊這六年，「衝對」與「衝動」的例子。

我的工作一向很滿，2018 年初，大兒子易霖跟我說，他想在三月跟同學去美國看 NBA，請我支援他旅費。

老婆：「那你就跟他一起去啊，你看棒球，他去看籃球，如何？」

我：「那妳呢？」

我跟弟弟顧家。

有時我就是這麼放不下工作，長達十二天的美國旅程，不僅舟車勞頓，加上 2016 年後身體微恙，不太敢長途旅行，完全不擔心旅費，我只擔心工作與身體。

太太囑咐易霖要多照顧我，要他不要只顧玩，拋棄了爸爸，我也答應太太會好好跟年輕人一起共享運動旅行的美好。

美國我去過兩次，但本土是第一次去，這群年輕人很會做功課，我完全不需要擔心行程；加上邀請我過去在盟亞的超級助理趙良安小姐，遠從西雅圖到東岸紐約、波士頓、費城隨行，她當時雖然嫁去美國五年，卻沒到過東岸旅行，於是，一團台灣六個男生，外加一位美國媳婦，七個人浩浩蕩蕩開展十天的旅程。

現在回想起來，這是我跟兒子人生中最美好的回憶，我一直覺得我跟孩子有距離，說真的，我完全不知道他對 NBA 的痴狂程度，在那次旅行中，我完全了解，加上良安這位好朋友，多年未見，能共同相處這麼多天，現在回想起來，滿滿回憶。

至於我的身體，因為醫師貼心照顧，開給我一些常備藥，加上很注意身體狀況，並沒有發生大礙，這件事的確是個擁有明確目標、抓緊時間、及早行動的最佳案例。

當然回程後，我與易霖合著一本書《20 歲小狼，50 歲大獅》也在同年底發行，如今易霖也在 NBA 產業發展，我很慶幸當時這個「衝對」的決定。

2019 年 4 月，好友跟我提到一起籌拍棒球電影的計畫，我其實很心動，但不會有行動，我深知這不是我的菜。

兩個月後，我做了手術，想一次解決排尿宿疾，沒想到得到的是一個罹癌的結論，心情低潮了一陣，久久沒好起來。

好友再次提了籌拍棒球電影的計畫，此時「圓夢」、「最愛」、「此時不做、更待何時」的念頭在我腦中迴旋不去，七月份籌組公司，年底開始募款，隔年在疫情爆發下，先完成電視劇的劇本，投文化部輔導金未果。

2020 年 8 月，再用全新劇本，投文化部電影輔導金拿到一千萬，全公司振奮不已，監製、導演、編劇、劇組雛形、募資等等工作，如影隨形地進入我的生活。2021 年 5 月，疫情肆虐，全國進入三級警戒，加上內部對於目標十分糾結，我度過了最痛苦的一年，我忍痛決定暫停計畫，四個月後結束公司。

我反省我自己，對於目標，我是完全沒有把握與信心的，尤其是籌資，對於內部夥伴的溝通與連結，我更是失望至極，我問過自己不下百次：「喜愛棒球，非得透過電影來呈現嗎？」

「電影真有準備 40% 才衝嗎？」

還是連 4% 都不到？

我自己失敗的例子，很痛苦，也很糾結，2019~2021 年，是我人生最灰暗的幾年，我衝過頭了！

本篇給大家的小提醒：

1. 勇氣與膽怯、實力與把握這張圖，一定要在做決策時，時時提醒自己。

2. 我知道圖形很難量化，但充分了解自己個性與決策模式，實在太重要。

3. 夢想與現實的糾結和交錯，永遠是阻礙前進與大步向前的最終指引。

4. 投資親情、家人，永遠不會錯。

03 克服「玻璃心」，讓自己越挫越勇

這篇我們來聊聊機會成本、報酬與實力、受傷之間的關聯。

我的這項優點，也是一個缺點，由於大學與研究所都念企管，我對經濟學特別有興趣，機會成本的觀念深植我心，我做很多事情常會想：做了會怎樣？不做會怎樣？我的收穫與損失會是什麼？最佳情況與最壞打算又是什麼？

2019 年 7 月到 2021 年 7 月這兩年，是很困苦的兩年，我一面做電影籌組團隊與募資的工作，另外一方面做電視節目籌資與執行製作。

「如果沒有說走就走的勇氣，請收起你的玻璃心。」是我體會最多的心情。

第一次製作電視劇《暗號》向文化部提案，要做十分鐘商業簡報，這不就是我日常的工作嗎？

進到文化部，明明是電視上常見的評審們，突然變成牛鬼蛇神，我頓時能夠理解我的學生上台簡報時的心情，一旦主角換成我，雖然我很有經驗，但難免緊張。

諸多原因讓我們沒有如願以償，雖然有點受傷，不過這次經驗我很有收穫，原因有四：

1. 要站在評審角度思考，不是自己角度，他蓋下同意票，對他的好處是什麼？對台灣影劇發展的好處又是什麼？這一點值得我好好思考。

2. 他們為什麼要給一組新人機會？我們不同點在哪裡？

3. 我們好不好，決定在「誰跟我們站在一起」。

4. 我比較能理解學生緊張的心情。

老實說，沒有拿到輔導金，我很傷心，也很挫折，不斷告訴自己要有越挫越勇的決心與企圖。

第二次捲土重來，2020 年上半年，正當疫情摧殘台灣最嚴重的時候，我們遇到了一位新人編劇，他的黑道、棒球、愛情的劇本《阿興》，深得團隊的賞識，我們在 2020 年 6 月向文化部提案，並參與輔導金審查，在 2020 年 8 月正式拿到文化部台幣一千萬的輔導金，這個里程碑，比我在外商拿到美金一千萬的生意還要雀躍。

雖然第一次很受傷，第二次藉由一個新的機緣，加上王師、王子維兩位監製站台背書，在年輕編劇簡報技巧不突出

．

的情況下，我們反而達到目標。

我想說的是：簡報技巧不是關鍵，有沒有受到評審青睞？劇本好不好？才是決定我們是否能勝出的核心，當然，如果簡報能好一點，是更棒的。

雖然這案子最後還是沒能如期開拍，但能得到文化部的肯定，我已經無憾。

2020 年下半年，我們在準備電影籌資時，我同時在準備電視節目的製作，雖然電視節目的資金缺口相較於電影小很多，但一千餘萬的現金缺口，是團隊很頭痛的事。

在寫這本書時，我整理了我的日記，我在 2020 年 10 月到 2021 年 3 月半年內拜訪了 27 家廠商與客戶，希望拿到贊助電視節目《誰語爭鋒》的廣告資源，我要特別謝謝我的合夥人劉宥彤，以及當時公司行銷整合經理蔡瑞卿，靠著團隊的幫忙，我們如願取得充裕資金，雖然最後仍有兩百餘萬的缺口，但藉由團隊不放棄的決心，還是讓電視節目製作如期完成。

拜訪廠商的過程，我充分察覺劉宥彤與蔡瑞卿的手上資源，跟我這類的企業訓練資源大相逕庭，加上我的商業提案技巧，以及苦行僧的執行能力，最後還是能夠達成目標。

我印象最深刻的是彰化的 NU PASTA 與嘉義的 MIPRO 的商業提案，我親自跑了一趟，謝謝主事者的信任，雖然地方很遠，但沒有白費，心懷感恩，不枉此行。

其中三分之二的提案是沒有成的，有時走出客戶大門時也會自怨自艾，心裡面跑出來的聲音都是：「企業訓練都是我在決定哪家要接，哪家不接？」自大狂的毛病又犯，惟走到商業提案領域，是客戶決定要不要給我資源！

這一趟歷程走下來，我的體會是：

1. 不敢說走就走，請收起玻璃心。

2. 換個位置，換個心態，沒有用不著的經驗。

3. 如果不想求人，圓夢自己出錢。

4. 有資源的，不一定要照顧沒有資源的，他給你資源，對他的好處是什麼？

5. 行動力與越挫越勇的業務力，一輩子都用得著。

04 目標設定過大或過小都不適合

跟大家聊聊設定一個適合自己的目標該怎麼做？

我想提出三個自己的關鍵變數：專業程度、時間顆粒、使用手冊。

2019~2021 年，我籌拍的電影手上擁有的資源是這樣的：450 萬，七位合夥人，一群小額的熱情贊助者，以及部分的人脈資源。

但就電影的專業程度來說，我是十分不足的，對我而言，就是用折磨與痛苦足以形容。我喜歡看電影，跟我要當頭去籌拍一部電影，天壤之別，那段時間我都睡不好，雖然兩位監製給我很多幫忙，但距離我能領頭還很遠，再讓我重新思考一次，我願意只單純做一位贊助者就好，帶頭太累了。

時間顆粒還好，但我個人的人生使用手冊就讓我捉襟見肘了。

我不喜歡欠人人情，對於朋友贊助我的六百多萬，我把守的過於嚴格，以至於我的保守，在電影投資上，顯得綁手綁腳，我害怕對不起朋友，這一點讓我吃足苦頭，老話一句，

再讓我玩一次，我就當個純粹的投資人就好。

我也曾設定過過小的目標，讓自己處在不痛不癢的階段，沒有什麼壓力，就沒什麼收穫。

舉凡鋼琴、日文、減重、跑步都是如此，正因為沒什麼壓力，心裡面的態度都是有時間就去，沒時間就不去，完全沒有考慮到我的使用手冊應該逆著操作，找到自己前進的動機，找到非做不可的理由。我的時間顆粒度因為疫情整個慢了下來，顆粒變成以天、週計（以前我都是以小時計，甚至以一刻計），慢下來就有時間拖，拖著拖著就放掉了。

當然，我也有幾個成功的例子。

2022 年的《青年版豐說享秀說出影響力》就是一個很成功的專案。

家父在 2022 年 2 月辭世，感念父親對我的教育與栽培，更重要的是，讓我學習演講技術，並且時常鼓勵我在上台方面的成就，我決心想用他的名字《豐秀》，辦一場給年輕人學習演講技術的免費活動。

我週邊有兩位優秀的身障者：林政緯與洪瑞聲，我時常提醒他們，不一定要用弱勢身分讓社會大眾憐憫他們，反而要拿出硬實力展現自己的才華，讓更多年輕人因此受惠，我

決心提拔他們兩位。

開放報名後，我們收到了 96 份的報名表，扣除沒有繳交影片的同學，也有 65 位，我們最後透過大家的力量與篩選，選出入選的 33 位（包含正選 24 人，備選 9 位），最後還商請政大洪逸涵老師來擔任我們第三戰隊的導師。

為了給 33 位學員更好的輔導與訓練，我在憲福育創內部募集十餘位優秀成人輔導員，跟三個戰隊配對，進行為期三個月的線上訓練，在 2022 年 7 月 10 日選出 27 位同學進行決賽。

決賽前，我透過我的資源與人脈，找到了暗號天使團的十萬元贊助，與諸多很棒的獎品，為了鼓勵同學們與我的輔導戰隊成員們，並且邀請陳鳳馨、葉丙成、凌嘉陽、王永福四位老師擔任決賽老師，所有工作人員全部不支薪，完成我對父親的承諾與他的遺願。

「取之於社會，用之於社會。」

最後我想說的是：

1. 槓桿原理設定的目標概念是：沒有資源（力）就要有力臂（人脈），有資源就可以靠自己，無需求別人。

2. 爲了能夠達成目標，可以尋求資源、支援，當你眞心想要完成一個目標與願望，全世界都會來幫你。

3. 成功時，要看見別人，低谷時，要看見自己。

4. 價值與理念的訴求，行動力與衝刺力，又快又大又好。

5. 一個人走得快，一群人走得遠。

6. 要做衝刺決定前，先考量：專業程度、時間顆粒、自己的使用手冊。

7. 釐清自己是怎樣的一個人，找出優勢、劣勢、威脅與機會，也就是我說的使用手冊，太重要了。

05 如何判斷正確的改變時機？

1991~2006 年 職場工作者
2006~2021 年 知識創業者
2021~20xx 年 使命推動者

2021 年後，進入職涯的「使命推動期」，也就是我職業生涯第三個十五年的開始，前兩年開展了電影，前一年開展了電視，當年結束了電影，完成了電視節目製作；有了職涯第二段「知識創業者」的完美終點，也是使命推動期難忘的起點。

2021 年起，我給自己四個使命：

推動演說能力普及化
扶助運動平權與弱勢
推動職場知識與閱讀
奉獻專業經理人長才

前三項我很常說，我來談談第四項。

如何判斷正確的改變時機？有三個重點：**自己 50%、環境 30%、指引 20%**。

2022 年我擔任商戰管理 CXO 學院的院長，希望把自己在商業管理上的長才，盡可能的奉獻出來，說真格的，我會的東西還是很有限，就僅有團隊領導與激勵、業務行銷與管理、工作教導，搭配演講、簡報、教學、寫作、廣播製作、影音說書這些個人化 IP 的能力。

2023 年初，某家牙醫人力銀行找上我，想跟我聊聊合作，第一次見面時，對方對我很了解，拼湊了一些看似有料，但我完全不懂的牙醫人力銀行系統與擘劃的投影片簡報，對方希望我擔任總經理的工作。

天上掉下來的禮物，不是禮物。

由於我有兩位朋友已經開始參與部分工作，我答應願意深入了解，但我不要職位，一來因為我不懂，二來我也知道禮物的道理。

「顧問就好，看看我能幫什麼忙？不用付錢給我。」我回答著。

隨後我三度幫忙調整牙醫助理的訓練課程內容，花時間跟大家面談，參加三次餐會，跟大家越來越熟。

也著手策畫牙醫師的論壇，整個顧問期間 2.5 個月，總經理的名片也印好了，團隊影片也拍了，我也入股了，但我

始終對於這個職位、公司、產業沒有興趣,也沒有信心。

過程很糾結,我不想多談,這是一個選錯時機,感到遺憾,但我仍有啟發與學習的一次經驗,回到最前面,如何正確判斷改變時機?

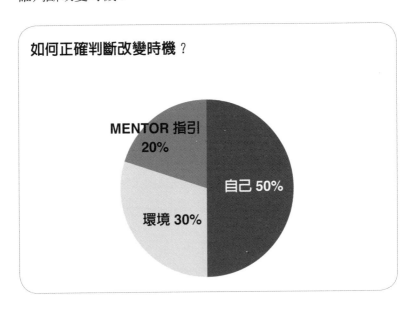

如何正確判斷改變時機?

MENTOR 指引 20%

自己 50%

環境 30%

自己 50%

雖然我自己很想試圖改變,但缺乏興趣、信心,加上我完全沒有牙醫專業,雖然擁有管理與教學經驗,但不足以支撐整個局面。

我只給自己 17%

環境 30%

第一次見面是因為我兩個朋友正在幫忙，我才參加的，對於公司團隊背景一無所知。雖然慢慢有所了解，但訊息仍有限，我犯的最大錯誤是：我沒有看到完整的財務三表——資產負債表、股東權益表、現金流量表就決定投資入股，這是我犯的最大錯誤。

我給自己 9%。

指引 20%

我能問的朋友很有限，我很謝謝劉宥彤、鄧政雄、林廷威、徐慶玲、魏士傑、張紫陽、沈明萱等幾位醫師與朋友給我多方面建議，在我發現這不是我的正確賽道時，立即決定出場。

我給自己 13%。

這是一個僅有 39 分的決策，雖然決策錯誤，帶有遺憾，但我仍有學習與啟發的案例，我想跟大家分享。

牙醫助理的缺口很大，這群年輕老師都很積極、熱情、很想學，但都卻乏指引，我透過與他們見面的三、四次經驗

可以看出：只要專業經驗加上教學與簡報技巧，當然還要搭配時間，就能讓他們發光發熱。我很想做，但以我目前的時間與生命，實在力有未逮，希望你們好好加油，等待看到大家的成績與風靡現場的魅力，我也希望透過你們，讓牙醫基層教學，更有實力與亮點。

　　教學市場真的很大，成功不必在我，做我能做的就好。

06 在自我經營方面如何取捨？

這裡我想跟大家聊聊在自我經營方面，如何做好取捨？

我擔任職業企業講師，從 38 歲開始，一段不長也不短的十八年，我再怎麼會經營自己，也會遇到以下幾個問題：

1. 這是賣時間，也是賣命的工作，看似低成本，但時間與生命就是最大成本。

2. 40 歲到企業上課靠職場經驗，50 歲到企業上課，要靠什麼？

3. 天天重複類似的課程，熱情沒多久就會消耗殆盡，除了錢，還有什麼？

4. 單一技能，無法成就與綻放新時代的個人 IP。

5. 軸轉至其他領域，你熟悉該項技能嗎？

6. 個人為王，還是建立團隊？擔任明星，還是幫人抬轎？

7. 面對後起之秀，選擇擔任楷模與典範？還是將他們視

為勁敵？

8. 商業策略思維與頂尖教學技巧，雖不違和，但也看似平行線，怎麼平衡？

9. 年齡對於講課的衝擊？知識獲取的機會成本越來越高？

10.定型與定位，你選哪一個？

不瞞大家說，在 2019 到 2021 年這三年間，我天天在思索這些問題的答案，2021 年，在做個人品牌經營的時候，特別在年度目標的反省時，就做出了策略的調整：（這是我第一次公布這件事。）

1. 用時薪，取代時數

2. 有意思，比有意義重要

3. 降載不停機

4. 影響力不用追求，讓它自然發生

5. 堅持走線下，線上是沒有辦法的辦法

策略轉向相隔兩年，重看這些事，我不敢說我做得有多

好，事實上成效卓著，尤其是避開疫情對我的衝擊。

近一年，我多次與合夥人提及，我不想再做「用力的事」，例如在網上瘋狂招生高價課，這會讓我很反胃，不知為何，七年前習以為常的事，現在的我卻完全提不起勁，瘋狂上課，也讓我完全無力。2019 年生病後，我不想再賣命工作，更不想汲汲營營為了影響力而工作，對於我去哪裡上課、上過哪家公司、誰來上過我的課，我已經完全沒有興趣讓大家知道。

看似我損失了許多機會，事實上因為疫情的影響，不但沒有，反而能讓時間更有效運用。甚至 2022 年還創下公司成立十七年以來的最高營業額，而當年，高價公開班，只開了兩、三堂。

正因為我遭遇的十大問題，對應到我的五大轉型方向，慢慢修改以「謝文憲」三個字，不需要任何形容詞加註、添柴火的做法，讓自己不要過於積極行銷自己，轉而讓影響力自然發生，我不僅開心，而且不用力，效果更好。

我不做勉強自己的事，也沒人能強迫我，我當作人生在 72 歲會畫下句點的邏輯，以終為始的去思考我此時該做的事。

54 歲除以 72 歲，0.75，換算成一天 24 小時，我已經來到下午六點，即將進入黃昏，很多人說，現在的人很長命，誰說要以 72 歲當終點？

我的回答是：

1. 我身上有幾個大小毛病，誰能說得準？

2. 若超過 72 歲，就算是我多賺的。

我盡量減少電視通告、Podcast 約訪，以及不必要的國外課程，還有那些一看就知道拿我去當小丑、演員的課程，減少高價公開班，停掉主要的專欄，將廣播節目主持工作與劉宥彤共享分憂等等，都是我想做的捨去項目。

我多了時間，可以跟學員交朋友、擔任台灣運動好事協會理事長的工作，付出時間在演說能力普及化的事務上，參與運動旅行與公益，與志同道合的作家朋友一起從事公益演講、看運動比賽、看舞台劇、看電影、電影包場、書房憲場演講、錄製說書節目、參與好朋友的節目錄製，我最喜歡的是跟好朋友一起去旅行。

誰說退休一定要選擇完全停機？降載也是一種策略，我並沒有停下企業課程，雖然我只剩全盛時期的 30~40%，但我

能談的內容更多元、深度更深，深入探訪朋友遇到的問題，我幫他們找解決方案，這會是我最大的成就感來源。

　　希望大家也喜歡降載不停機，用使命取代工作，用服務思維取代工作思維的謝文憲，一樣很衝的謝文憲。

07 什麼事都這麼拚，哪有時間呀？

「憲哥，你什麼事都這麼衝，時間哪裡來啊？」

這是我最常被問到的問題。

說真的，除了瘋狂上課、被迫過於忙碌的幾段日子，或許我真的無從選擇外，我的大部分人生，都是我自己在掌控的，沒有人可以勉強我。

這一篇，我想聊聊我的時間管理的取捨重點。

不要管理時間，要管理重要性

其實坐在家裡，啥事不幹，一天二十四小時也過了，我從不管理時間，我只管理重要性。

舉例來說，我最近要開發年度周邊商品，我會成立一個專案小組，盯緊進度，授權專案負責人處理大部分的事，我鮮少去做細節管理。我只抓方向，讓利給大家，夥伴願意前進，我自然輕鬆，我要看的是：這件事情成功對我的意義與價值。

技能都是刻意練習

我在大量寫專欄的期間（2013~2020 年），每週都會空出週日上午，尤其在大家出去玩、在臉書上曬照的時候，特別能夠激勵著我。我會先觀察前幾篇專欄的讚數、分享數，加強關注標題，如何下、下什麼會更有迴響，寫專欄的速度從每篇兩個小時，到一篇三十分鐘，反應還越來越好。這些都是刻意練習的結果。

我一共寫過三百篇專欄，其中包含三個專欄版位，我甚至去列表、計算、分析每個專欄的屬性、TA、閱讀習慣等，我的目的不是為了節省時間，而是要創造績效。

時間就是要拿來用的，而且必須成效極大化。

燒爐清單，批次處理

我住中壢，戰場在台北，我有 85% 的工作都在台北，但我不買房在台北，原因大家都很清楚，透過很棒的交通往返方式，我的效能，特別的高。

只要我在台北有空檔，我會將重要不緊急的事，安插在空檔，例如說書節目錄影，或是廣播錄音等等，所以大家才會有我很忙的錯覺，其實是我在台北工作的時間很忙，其他在家時間，我都在閱讀、思考、計畫、策展等等。

當然司機與交通工具都很重要，朋友與關係連結也很重要，謝謝那些願意配合我安排行程的好朋友們。

就算不想要，也要學東西

有些節目我不一定想上，若是真的時間有空檔，我會願意做全新嘗試，我第一次上《全民星攻略》就是在文化部提案後，不急著回中壢的傍晚時間，結果被我拿到冠軍，後來連上七次通告，也讓我慢慢喜歡上益智綜藝，很有趣。

人生哪這麼多意義，樂趣也很重要。

我不可能百分之百按照我的喜好，但我會在那些不這麼喜歡，又不得不去做的工作上，學點東西回來。

管理，就是決定不做什麼

以前我是個好好先生，所有邀約推薦、掛名、分享、業配、商業合作、節目錄製等等，我大多有時間就會答應，現在可不會了。

原因有三：不想要、會踩雷、沒有空。

「不想要」是自主性，「會踩雷」是風險性，「沒有空」是資源性。

其實時間管理僅有守住：自主、風險、資源三大原則，你的人生很長，好好搞幾件事，都能搞出名堂的。

信任賦能，幫助夥伴

幫助別人成功，就是幫助自己成功，我在做廣播、專欄、說書、商業合作等，都是用這心態做事，幫助夥伴輕鬆，你就會越來越輕鬆。

這是我的六個時間管理法則，老實說，我能拚的事情還很多，人生待續。

08 備好實力，製造機會讓人看到你

我跟淑真的熟識，是在 2019 年 3 月的教出好幫手課程，隨後四年多的時間，她上完我所有的公開班，並願意主動跟著我南北跑場演講。

一開始認識對她的印象，是一個天生菸酒嗓（聲音沙啞）的女性壽險業務主管，除了聲音，她跟一般保險業務員看起來沒什麼兩樣。

她對自己的聲音，一直沒有信心，不僅如此，對於自己在講台上的說話結構與故事穿透力，更是自卑到極點。

但跟一般學員很不一樣的是：她除了不怕丟臉外，最重要的就是無時無刻備好實力，讓她躍上舞台。

我這幾年的觀察，她具備了三個關鍵變數：

技能

她的工作與人生目標是要翻轉一般人對壽險業務的想法，以及對於家族與遺產傳承有正確的想法與認知。

於是她開始認真學習結構性的表達，「專業簡報力」課

程與「高級簡報認證」，是她大突破的起點。雖然她在第一次以演講技巧訓練爲主的「說出影響力」課程鎩羽而歸，但第二次回訓讓她脫胎換骨的關鍵實力，是她的反覆與刻意練習。

我注意她在幾次七分鐘的同學會短講中刻意放慢語速，專注在單一故事的細節呈現；以及在一分鐘的「書房憲場」活動演示現場收穫時，會抓住關鍵記憶點來呈現，對於關鍵技術的學習，很有突破，並且有效克服障礙，淡化自身缺點。

資源

她的公司有一間大的演講廳，她主動提供給南下辦活動商戰 CXO 學院租借，我們要找到這麼大的場地、停車方便又在高雄中心點，若不是因爲她，費用不知道要多花多少？

她對我很好，其實也對很多朋友很好，田爸（淑眞先生）都會主動到高鐵站來接我們，或許就是花他們一點時間，大家就透過這個看似不很起眼但很重要的交通接送，成爲很好的朋友。

更不用說她總是熱心幫大家解決保險上的大小事，以及解決我朋友的線上疑問，看似付出，收穫最大的也是她。

危機

2023 年初，田爸從四、五米高處墜落，造成多處骨折與神經傳導傷害，她低潮了好一陣子，但沒多久就振作了起來。透過她的專業闡述，讓自身本是危機的事件，反而有機會強調保險的重要性，用自身經驗傳遞使命。透過手術與復健安排的過程，讓她得到滿滿的祝福與溫暖，甚至是醫療資源，我常告訴她：「正是因為你常常幫忙大家，才讓你的人緣這麼好，大家才願意幫你。」

透過技能、資源、危機三個關鍵變數，讓她取得公司內部 2023 年業績競賽三冠王的寶座（當年上半年，她有三個月在花蓮、高雄兩地忙老公的病情），可是大家或許不知道，四年多前她演講的樣子、建立團隊的辛苦，以及田爸危機對她所造成的傷害。

她的歌唱得很好，舞也跳得很棒，說真的，有實力的人，就算有缺陷，也不用擔心別人看不到你的優勢，掌握關鍵變數，你也可以躍上舞台。

我常告訴淑真，妳怎麼成功的，妳就要多幫忙別人站起來，無私的讓別人更好，如今她的團隊兵強馬壯，相信就是最好的例證。

「不要浪費一個危機」，可不是嗎？遇到田爸這件事，我們除了呼天搶地，持續抱怨外，我們還能做什麼？淑真做了最好的示範，在此祝福田爸早日康復。

我相信淑真可以，我更相信，我正花時間輔導某位因丈夫猝逝而意外接班的林口江姓中小企業主，也能掌握並發揮「女性優勢」這個關鍵變數，找到自己「柔軟但堅定」的切口，利用社群間共同協助的槓桿支點，舉起更大的事業。

希望這三個原則：技能、資源、危機，也能幫助大家，在不如滿手好牌打順手球的他人下，自己也能闖出一片天。

09 有些旅行，不需要 40% 就該衝

你印象最深刻的旅行，是哪次？跟誰？去哪裡呢？

你有沒有一位好朋友，隨時可以說走就走，可以拋下所有工作，一起去旅行？

2020 年，永難忘懷的一年。

開春第二天，國軍一架直升機在宜蘭山區墜落，包含我國參謀總長沈一鳴上將在內的多位將官罹難。

知名 NBA 球星 Kobe 在美國墜機罹難，隨後 COVID-19 襲擊全球，世界彷彿變了樣。

我想提提我的弟弟。

當年二月，五十肩襲擊我這五十年的軀殼，有天下午我在骨科診所復健，父親打電話給我說弟弟在辦公室心肌梗塞，要我立刻趕到台大醫院去看他，我放下手邊的復健器材，跟復健師說聲抱歉，火速前往。

趕到台大醫院時，弟弟的太太早已在病房門口守候，並招呼我進去看他，走進加護病房我已經準備好心情，以及想

對他說的話，緩步進門。

他看到我笑了笑，直說：「你怎麼來了？」

「爸爸說你心肌梗塞，你還好嗎？」

「剛剛做完心導管手術，沒死！」

我們面面相覷。

我開玩笑問他：「如果死了，你有沒有遺憾？」

弟弟說：「我不曾環島。」

兩個月後，疫情還是很嚴重的四月底，我拋下所有工作，他請年假，我陪弟弟環島四天，開車。

他那句「我不曾環島」，對我而言，非常衝擊。

我走遍世界各地，不敢說環遊世界，我真的也跑過很多地方，其實我也沒有認真的環島過。

我在社會上「稱兄道弟」的朋友很多，真正的弟弟卻只有一個，我很自責與內疚，我完全沒有做到一個哥哥應該扮演的角色。

那四天，沒有五星飯店，沒有豪華美食，沒有其他家人或朋友陪伴，就只有我們兩個人，這四天也是我們兄弟一場

五十年最美好的回憶。

四天交換開車，我們沒有這麼近距離交談、生活過，說說笑笑四個整天。

你若問我，我跟弟弟間的兄弟情誼，還有遺憾嗎？

至少此時此刻沒有了。

我有一位認識三十六年的好朋友，他是我武陵高中的學長、逢甲企管的學長，大學畢業後又因為不同原因免服兵役，他進入台達電子人資部服務，直到我大學畢業，他調生產部，讓出他的位置，我去接他留在人資部的工作。

我們兩間房子都買在一起──第一間都出租，第二間都自住，他住四樓，我住六樓，我們的孩子與太太彼此都認識，好友至此，旁人都羨慕。

第二間房子在我們都住了十年後，他搬入豪宅，我繼續努力。

或許你會說：男人的感情如此，其實沒有什麼好羨慕的，那你可以聽聽下一段。

2015 年 10 月，他的工作受到衝擊，變化不小，多了一個月的空窗期，他向我提了一個建議：「一起去北海道。」

我直覺反應：「我真的好忙啊」。（備註：「憲福育創」剛剛成立第二個月。）

我看到他的深切期待的眼神，這麼好的朋友，實在不忍心拒絕他，對啦，其實我也很想去北海道玩。

接著，他獨自開車環島，我在工作崗位繼續工作，但特別空出月底五天，陪他去北海道。印象很深刻的是，去北海道五天的前後我都還有工作，我什麼都沒準備就去了。

我們自駕，當然是他開車，我右駕不行，這是屬於兩個男人間的浪漫，有另一種不同的旅行滋味，毋須配合對方，也不怕表達自己內心的感受，這是我印象最深刻的男人浪漫，想喝酒就喝酒，想休息就休息，說去函館看夜景，立刻就出發。

在寫這篇的時候，我們正在花蓮的飯店，上午六點騎自行車，七點游泳，八點吃早餐，他回去補眠。此時，我們正在進行兩個男人間第二次的浪漫旅行，我能感受到充分的自在。

當然，我們一人一間房。

男人間的浪漫旅行，說走就走，不用 40% 準備，也能衝。

有一個可以陪你去旅行的男性朋友，我很幸福也很幸運。

憲場觀點

1. 管理，就是決定不做什麼。
2. 夢想與現實的糾結和交錯，永遠是阻礙前進與大步向前的最終指引。
3. 換個位置，換個心態，沒有用不著的經驗。
4. 要做衝刺決定前，先考量：專業程度、時間顆粒、自己的使用手冊。
5. 我當作人生在 72 歲會畫下句點的邏輯，以終為始的去思考我此時該做的事。
6. 人生哪這麼多意義，樂趣也很重要。
7. 男人間的浪漫旅行，說走就走，不用 40% 準備，也能衝。

Part 2 | 衝與不衝，端看你敢不敢

全力以赴，堅持到底。

01 人生抉擇：衝不衝判斷法

　　人的一生，對於自己有興趣的事物，時常能自在發揮、如魚得水，對自己陌生的領域，則多數害怕碰觸、害怕失敗，不過這也無可厚非，因為這是真實的人性。

　　對有興趣的事物持續發展、持續鑽研，抓住機會邁向達人之路，這沒什麼不好；不僅可以養家活口，還可以找到自我肯定的人生實現與價值。但時間久了以後，你會慢慢感到枯燥與疲憊，生活變得一成不變，無聊透頂，甚至會覺得熱情被磨損殆盡，人生無趣又乏味。

　　我長時間觀察人的行為，尤其是職場工作者，發現可以用「勇氣指數」搭配「實力與把握指數」，研發出一套四部分的「人生抉擇：衝不衝判斷法」，如下圖所示：

人生抉擇：衝不衝判斷法

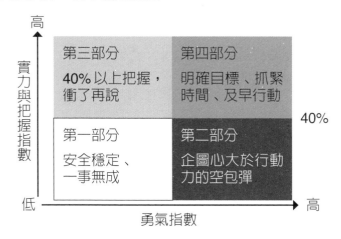

我們可以將此圖分爲四部分：

第一部分 「實力與把握指數低 vs. 勇氣指數低」：
安全穩定、一事無成

這類職場工作者，對於自己所處事物熟悉透頂，但對陌生事物害怕碰觸，不僅不願嘗試新事物，跨出舒適圈的信心與把握度也低，他們的人生追求是安全穩定，但對於陌生領域卻興趣缺缺。

這不是不好，但只要遇到環境重大變化，或是組織遇到前所未有的調整，甚或是人生巨變，都會遭遇史無前例的難

關，很多事若無法提早因應準備，遇到改變契機無法提前掌握，很容易一事無成。

第二部分「實力與把握指數低 vs. 勇氣指數高」： 企圖心大於行動力的空包彈

我在擔任業務期間，看過非常多這樣的同事，喊口號一流，看似企圖心與勇氣十足，真正測試其實力與對事物的把握程度時，又好像沒有幾把刷子；月初口號滿天飛，月底責任往外推。

這樣的人，大概就是我的代表作——《行動的力量》的目標讀者；想法永遠比行動多很多，勇氣永遠比實力強大。記住：「心想不會事成，勇氣不能成真，搭配行動服用，夢想才會成真」。

第三部分「實力把握指數高 vs. 勇氣指數低」： 40% 以上把握，衝了再說

缺乏勇氣與企圖的人，就算給你百分之 80 的把握你也不敢行動。估計判斷約有百分之 40 的把握，這些帶點冒險、略有挑戰、感覺刺激……的事物，才能激發出人的潛能，激發出你的鬥志與信心。

「試了再說」絕不是口號，只要評估你對此一事物的專

業、實力與把握度，加上方向與目標一致，雖然前方有些霧茫茫，向前走，才能知道前方有何障礙，把障礙當作打怪，將未知當作挑戰，你其實沒這麼差。相信我。

第四部分 「實力與把握指數高 vs. 勇氣指數高」：明確目標、抓緊時間、及早行動

那你還待在這裡做什麼？還不趕快行動！

這類人會出現一個問題：既然準備充足，也敢行動，但很有可能等到把握十足了，機會卻已經不在或錯過最佳時機。

曾聽過的有：創業、追女友、換工作、晉升機會、研發新產品……錯過的事物不勝枚舉。通常「錯失良機」是我最常聽他們說的感嘆詞，少數成功的多半是天賜良機；人的一生沒幾次這樣的機會，一定要好好把握，更要謝天。

希望透由這本書，無論你正處於哪一部分，都能好好的掌握準則與方法，找到人生破關的絕佳企圖心和勇氣。這裡每一篇故事都是實例，也是憲哥 32 年來的深切體會與觀察。

02 人生有 40% 的把握，先行動再說

禮記中庸篇：「凡事豫則立，不豫則廢。」話雖如此，但古人卻沒叫你一定要做好萬全準備才去行動，以現在網路世代變遷之快速，等你萬事俱備，機會早已不在。

那為何不是 100 ？ 80 ？ 60 ？ 或是 20 ？ 而是 40 呢？

有百分百的準備，不可能有這種事，人生若是如此，肯定無聊透頂，世界上若是所有事情都確定可以做才去做，那大概也沒什麼事值得做了。

80%，或許是最多人提到的答案，我認為這也不可行，道理很簡單，就拿創業來說，銀彈有了，人也有了，辦公設備也有了，組織也成形了，營運模式也差不多建構完成，就只差營運經驗與市場測試，或是一些軟實力的文化與核心價值的塑造，如果真是這樣，我敢相信全球創業者應該最後大多成功收場，為何失敗的還是占大多數？原因很簡單，創業都是且戰且走，不大可能有 80% 的把握，人生其他選擇也差不多。

60%，我最討厭這答案，一切都還是及格思維，好似這

個數字就是「不很好，也不太壞」的比例，一切有了及格的把握再去做，如果大家都這麼想，你如何顯出與眾不同？

20%，太低了啦！這個比例失敗的機會太高，若是這樣就去衝，人家會說你莽撞、不切實際，類似毛頭小伙子、小屁孩這類的不雅稱號，都會跑到你頭上，然後你就會說：「為何整個世界都不鳥我？」

王永福（以下本書皆稱福哥），我的創業夥伴，台灣最知名的簡報教練，也是各大企業指名度最高的簡報訓練講師，幾年前，我們仍是簡報領域的對手。

「心中隱約有種感覺，但遲遲不敢開口，等到時機看似成熟，一個人先說句話，隨後天雷勾動地火。」2015 年我跟福哥共同創辦的「憲福育創」，就在這樣的氣氛下應運而生。

話說 2015 年年初，幾位講師好友一起討論合組公司，大家你一言我一語，聊得好熱絡。但問題就是大家意見眾多、莫衷一是，要形成普遍或大多數的共識，難上加難。老一輩的人都說合夥的生意不要做，但問題是獨資很難搞出大名堂，加上家裡若沒有資助，獨資成功的機會也不夠多。

投資者很多，則要考慮大家的方向是否一致，會不會產生「互斥現象」，這現象很容易產生削弱自己，壯大他人的

窘境。沒想到，相隔半年之後，機會卻無意間出現了……。

我跟福哥合開的「憲福講私塾一班」，得到意外好的迴響與評價，兩人在合作過程中發現，不僅是合作默契、處事風格，或態度、對待他人的原則、觀察他人的角度與評價標準等都相符，最重要是，連「核心價值」都非常一致，讓我不得不寫下「不一樣，卻很一致」這七個字的觀察結論。

一個非預期的機會，我們在台中偶遇，他來看我演講，我利用結束後的空檔和他一起去五星飯店游泳、按摩，那種男人專屬的環境讓我們聊開了，本來只是規劃「憲福講私塾一班」的進行方式與學員名單討論，卻種下一顆創業幼苗。

隨後的「憲福講私塾一班」順利進行，意外得到極高評價，這時，我們合作的比例也才來到 20% 而已，當下若是行動，我相信也不可能成功；原因很簡單，我們尚未談及「核心價值」。

四到八月這四個月，我們充分磨合，幾乎天天晚上上網討論，一有好的想法就與對方分享，很難想像，三年前的簡報技巧競爭對手，如今在同個場域、同個討論版上，暢所欲言。

八月中我在台中的演講，在整場進行到接近三分之二時，

我直接丟出合組公司的震撼彈，我相信台下的觀眾都傻眼了。這個戲碼就好像國民黨或民進黨，某一個派系宣布合組政團一樣的精采與吸引媒體眼球。我相信現場除了我與福哥以外，大家都很意外，卻又不這麼意外，原因很簡單——我連這件事的投影片都沒有做，肯定是場意外。殊不知，我已預備這一天將近四個月。除了我們兩個以外，我們偕同另一位夥伴Tracy，三個人只在前一天的台中高鐵站匆匆相談兩小時後，即投入了金錢、大家的專長與「Know how」。

9月17日公司正式登記，到此為止還什麼都沒有，但我們有信心一定會成功，我問自己：「有多少把握會成功？」想一想，確定：「40%會成功，另外60%靠他們兩個也就夠了。」

沒把握？人對了就有把握了。創業是個例子，其他例子不也是如此嗎？

我們在第一次講師示範賽中被觀眾問到：「憲福育創的下一步是什麼？」我說：「且戰且走。」福哥：「摸石子過河。」

我們互看一眼，彼此笑了笑。

03) 人多的地方不要去

朋友在臉書上 Po 文：「請教臉書大神，有誰近兩年去過日月潭，跪求假日六千元上下的房間，安靜恬適，適合全家出遊，希望沒有陸客出沒，遠一點無所謂。」朋友們瘋狂留言、按讚，只有我回：「人多的地方不要去」。

是的，就是這句話，不僅是我的人生觀，更是我的決策模式。

一直以來，從求學時代開始，父母親對於我的未來職業發展多所期許，要不叫我去考公務員，或是要我去考預官，那時還很時興去考研究所。民國八十年剛畢業的我，什麼都不懂，血液裡就蘊藏著不服輸的個性：「我要是去考公務員，我就不姓謝。」我不是抨擊公務人員不好，但真的不適合我，一來是我不太會準備考試，二來個性使然，在有限的資訊下，知道公務員的生態，於是提早放棄公務之路。

到了 40 幾歲才明白，原來放棄就是得到。

我常比喻，人的一生要通過十道關卡，上帝發給每個人十把鑰匙，一定有一把可以通過某一道門。笨蛋是拿出每一

把來測試，不對以後又放回口袋重新測試；聰明的人則是站在每道門前拿出其中一把，不對就丟掉，運氣最差也會在第十把測試成功，運氣好一點則會在前期通過關卡。

這例子雖然不見得爲眞，倘若眞的體會其中道理，就會知道：**「測試不過的鑰匙要直接丟掉，不要放回口袋，放棄就是得到。知道自己哪裡不行，就是距離知道自己哪裡有天賦，更往前邁進一步。」**

這道理應該不難懂，但人總是捨不得放棄任何東西，因爲這樣很可惜，很浪費。其實，得到的越多，越難發現自己的天賦、越難找到自己的擅長之處，「得是能力，捨是智慧」更是不變的道理，很多人做不到，所以痛苦的人特別多。當大家因爲貪、嗔、癡造成不快樂時，很難體會其實「捨去」才是大智慧。

如同我在得到信義房屋與安捷倫科技的最高榮譽和各大獎項後，還選擇離開原公司；抑或我在講師事業攀上高峰之後，選擇毅然決然離開原崗位，去開啓自己不可能的未知世界。

我很清楚自己的個性是，「留戀路上美麗花朵，攀登不了最高山峰」。

　　於是選擇走一條不是很多人走的路，配上自己高度的自律與行動力，最後加上一些小聰明與對環境敏銳的觀察。很多人覺得我百發百中，但我自己知道，這只是在複製成功的模式罷了；出版、專欄、廣播、影音、餐廳和社群，都是如出一轍的概念。

　　如果有人問我：「這些事都有萬全準備嗎？」

　　怎麼可能！都是瞎子摸象，摸石子過河，一步一步向前走罷了，但有件事我非常可以確定，那就是：**沒什麼把握，才有驚喜，成功才有快感！**

　　人多的地方不要去，人少的地方你敢去嗎？

　　人生的冒險，隨處都是，就像船舶不會以停在港口為目的，航向未知大海的船，船長與水手都需要勇氣，與一顆冒險犯難的決心。

　　如何確知這條路上是人多還是人少呢？

　　答案很簡單，去問你周遭十個最親近的朋友及家人，十個就好，千萬不要多，而且要是親近的朋友，他們才會說真話。

　　若是大家告訴你：「文憲啊，這條路不能走啊！」Bingo!

那就是人少的地方，你或許就可以試試了。當然，這不包含作奸犯科、為非作歹的事，還有，也不涉及宗教、政治、兩性議題，這是我多年的觀察，很準的。

人少的地方你敢去嗎？記得多問自己一句話：「**你具備至少 40% 該領域或該行業的專業嗎？**」如果有，其實就可以試試看了。

04 挑擔要撿重擔挑，行路要找難路行

　　人生抉擇大有不同，無所謂好與壞，如果拚了一輩子，尤其是拚考試，只為了進到人人稱羨、可以捧鐵飯碗的公務機關，那你的人生有些可惜了。

　　我周遭實在有太多職場上的朋友近幾年狀況不太好，尤其三十歲以下的年輕朋友最後深思熟慮的結論不外乎都是：打工遊學、考公務員、念碩士或轉換跑道這四條路。

　　無所謂對錯，只要你高興就好，我也管不著，但若年輕朋友來諮詢我，我都會說：「不管你選哪一條路，考公務員都不是首選。」

　　大多人起初都會嚇一跳，直說：「憲哥，我都已經去報名了耶，錢都繳了，你現在要我退出，我該怎麼辦？」我不知道你有沒有發現其中的問題？

　　去考公務員的朋友，或許是在職場遇到困難不知該如何解決，而人生唯一的技能只剩下考試的人，最容易選擇的一條路。看到這裡，你或許會想罵我，但且暫停，請繼續看下去。

　　我的意思是：**台灣什麼人都缺，就是不缺會考試的人。**

　　據我觀察，去參加公職考試的人的心態，不外乎是：為國家與人民服務（這應該要放在最後一個）、有鐵飯碗、有保障、公司（國家）不會倒、福利比較好，或地位比較崇高（至少一般人的觀感上，比業務員高）準時上下班……諸如此類的。

　　你確定這是鐵飯碗嗎？一定不會變成紙飯碗嗎？

　　撇開為民服務這點不談，這點當然是主要原因啦，公務人員為國家的付出不容抹滅。但我想說的懷疑主要是環境問題。一個進步緩慢的組織與環境，遇到一群熱血無比、想要改造社會，但卻只會考試、缺少社會歷練與經驗的人，你覺得這熱情可以支撐多久？

　　二十一世紀至今，不須熱情、創新就能完成的事情，遲早會被 AI 機器人、網路、年輕人，甚至印度人 [1] 取代。我觀察的公務部門，正是相對缺少熱情與創新的一群，遇到再好的年輕人，尤其是會考試的年輕人，**變慢、變懶、變鈍**是很正常的。

　　然而國家對這群人有保障，炒大鍋飯一旦成型，組織競爭力下滑，個人競爭力也隨之下滑，最後成為怎樣的人，大

家可想而知。只不過公務人員仍會吸引一群穩定性高、創意不足、人生努力尋求標準答案的朋友進入，這沒有不好，但我希望大家在報名考試之前，一定要先想清楚。

講到標準答案，我想提提我的體悟。

我在職場工作足足有四分之一個世紀，深知職場變化萬千，沒有標準答案，需要標準答案的人就屬公務人員。法令不能有錯、引用不能有錯、規則規章不能有錯，但是社會的變動之快，豈是規則不能有錯的人可以懂的？

台灣這二十年來被法律人當政，從陳水扁到馬英九，又來了個蔡英文，律師性格加上法匠精神，很多人都受夠了。通過公職考試進入服務的人，多多少少也有按照規定來的性格，否則會被撤職查辦，如此扼殺創意的組織行為，很難想像會帶來何種國家命運？

我想這現象跟一堆大學生延畢、拚命考研究所，再去念個博士相同，不是說絕對不好，但骨子裡或多或少都有種「逃避」的基因存在。真正想念書、探究知識、打破砂鍋問到底的人有多少？

想一想，和在職場上廝殺相比，還是在學校比較舒服。念個博士一定有工作、公務人員一定是鐵飯碗，說穿了，不

就是舒適圈作祟。進入舒適圈之前，一堆人先打一架，用考試拚個你死我活，通過之後可以好好安享天年，這樣的人生是你要的嗎？

正如同硬漢嶺上的碑文一般：**挑擔要撿重擔挑，行路要找難路行**。大學畢業以後，千萬不要爲了圖安逸而去考試了，多利用職場時間應證自己以前所學，犯錯也不要害怕，實踐，才是檢驗眞理的不二法門。等到有一天你發現自己不足了，自然會去尋求進修管道，屆時碩士、博士可能是選項之一，或是向民間找尋大神學習，都不失爲一個好的方法。

選擇公務員，就是選擇一種生活方式，但不會適合每個人！

---

1. 二十年前都說中國人，但目前許多勞力密集的產業，中國也漸漸不做，紛紛移往東南亞或是印度，而印度是全球人口第二大國。

05 獨立思考與鄉愿都是一種習慣

許多人說：台灣人缺乏獨立思考的能力，這句話我只同意一半。

臉書在 2009 年攻占台灣之後，很難想像它到底改變了我們多少生活型態，加上智慧型手機推波助瀾的興起，人手一機，走到哪裡都在滑手機，成為新國民運動。沒有臉書帳號，和沒有悠遊卡或一卡通，你覺得哪個比較瞎？

於是，我們來到一個人云亦云的年代，#Metoo 事件、藝人輕生、名人劈腿、選舉影射、錯誤的健康保健知識……，都有可能因為工具的濫用，被無聊的傳播、資訊量一再擴大，質也同步在萎縮。

容我不客氣的說：「網路霸凌與無知，加上缺少獨立思考的能力，成為台灣國力持續下滑的幫兇。」

網路的世代，資訊是爆炸的，人際關係卻是貧乏的，不用錢的按讚，換來的可能是永遠給別人加油打氣，卻忘了給自己一些讚美與提升；一個轉分享的按鍵，輕而易舉傳播知識與資訊，卻讓自己也成為以訛傳訛的打手。

　　我最看不慣的是電視台裡每天在批評他人的政論名嘴，看多了真的好噁心，跟媒體與政治人物沾上邊的，好似都沒有好下場，我不喜歡這樣的台灣。

　　靜下心來想一想，自己可曾嚴肅面對人生，每天利用一點空檔跟自己對話，利用科技安息的時間，讓自己喘口氣，好好的想像自己的人生要往何處去？還是繼續隨波逐流來的輕鬆自在？

　　慢慢地，我們就習慣鄉愿了，固定的思考邏輯，配上固定不變的性格，伴隨著天天喊著要創新，卻一點也不創新的僵固頭腦。**當鄉愿變成一種自然態度，因循苟且，那又沒什麼關係、隨便啦、小確幸……成為我們新的做事習慣後，那說好的人生夢想呢？**

　　從另一個角度來看，有時我們也很擅長獨立思考，思考過頭的結果就是缺乏行動力，很多人生的抉擇就僅停留在思考階段，空有想法卻缺少行動是人生最可惜的一件事。

　　我有一位朋友想出書，其實已經想了五、六年，我一直覺得他是一位很有計畫能力、企畫能力、規畫能力，很會「畫」大餅的一個三「畫」人。他每次看到我都會接下去說：「就是缺少行動力」，然後我們就會哈哈大笑。

我看過他的 Excel 表格，他用專案管理概念計畫了新書寫作進程，也用 Word 檔寫了許多文案與提案規畫，在書店實際在現場觀察許久，甚至做過若干次市調，哪種書名才會紅？怎樣的封面顏色才會大賣？要請誰寫推薦才會有機會登上排行榜？……諸如此類的細微觀察。然而寫書最關鍵的並不是這些，而是打開 Word 檔，先寫下第一句話。

他若不想出書，不會花這麼多時間研究出版的市場，更不會花時間研究新書市場走向與目標族群，其實出過書的作者都知道，你的書能不能賣，先寫個四分之一，加上讓出版社認識你是誰，大概就決定六成了。與其花時間研究，不如花時間實作，更能提早確定你是否有機會出版個人書籍。

很有想法跟很有執行力是兩個完全不同的能力，想法過了頭，容易淪為紙上談兵；執行力太多，一定會被貼上莽撞、思考不周的標籤，實在很難面面俱到，但是獨立思考與行動力至少可以並存吧？

我想了許久，我認為，**獨立思考的能力是前進行動的基礎，為了不讓自己淪為紙上談兵，且戰且走是一種不錯的策略**；摸石子過河，一面思考一面前進，只要確定方向沒有錯，跨出第一步是確定要做的，不可能等到完全準備才行動。另外，行動方向的專業知識與經驗，就是前進成功與否的重要

指標。

　　擁有 40% 的準備，和 40% 的且戰且走、專業知識與經驗的累積，再加上 20% 的冒險犯難精神，相信你許多夢想與計畫才有可能一步步實現。

　　你的人生若沒有一點賭注與冒險，年輕的生命與靈魂是用來幹嘛的？

06 創業需要準備什麼？「水到渠成」而已

講出來不怕你笑，更不怕你恨，我的七間公司創始之初，我都沒考慮太久，其實都是水到渠成，當然有成功，也有失敗收場。

2004 年 10 月，安捷倫科技宣布當年總裁獎得主，隔年一月到夏威夷參加全球頒獎典禮，半年後母親過世，一連串的 triggers，現在回想起來，都是促使我創業的重大關鍵，不是能不能準備妥當的問題，而是時機已經來了。

我喜歡上台講話，那是一種與生俱來，加上後天練習的天賦也好、老天爺賞飯吃也好，反正我就是會了，但喜歡說話跟會講課保證是兩回事，一開始我也不是很清楚，直到文化大學推廣中心的邀約來了以後，我才從同學的印證中得到答案。

電銷課程的班代：「憲哥我們想約您參加聚會，一起吃飯，可以撥冗參加嗎？」

「好啊，好啊，哪一天呢？」

由於每一班結訓，都會有熱心學員約我吃飯，我常會問：

「有約其他老師嗎？」

同學：「沒有耶，就約你，你比較帥。」

「屁啦。」不過，心裡還蠻爽的。

一次一次印證後，好像自己真有那麼回事，其實那時的自己，只是喜歡分享，完全沒有任何教學技巧。

我把這階段定義成「1A」階段。

直到後來遇見超洋企管、盟亞企管。

到此，我還沒出現任何創業念頭。

沒想到之後，我有了「講師的 1A 到大聯盟」之路。

我跟盟亞合作起始於 2005 年 9 月，媽媽往生後兩個月，當時的我，花了兩個月才走出心裡的陰霾，加上一通盟亞湘儀打給我的電話，一封她發給我的信，改變了我的後半生。

湘儀，盟亞的課程經紀人，我傷痛復出後的第一場演講，就在文化大學推廣中心地下一樓，她就坐在台下聆聽，我們的聯繫，算是盟亞跟我的初見緣分。靠著湘儀的牽線，我的第一堂課程，就在我的老東家華信銀行（當時已改名建華銀行）高雄地區的課程。

　　盟亞沒有派值課助理前行，當時天真的我以為是盟亞故意考驗我，後來過了幾年，我才知道是經費預算有限，在沒有高鐵的年代，助理是不會到高雄值課的，因為這樣實在太不划算、太花錢了。

　　我受過完整的業務訓練，知道此時在台北辦公室的同事一定會很擔心我的授課狀況，於是我從中壢出發傳簡訊、松山機場起飛傳簡訊、抵達高雄小港機場傳簡訊、進到教室傳簡訊、中間休息傳簡訊、中午吃飯傳簡訊、下午休息傳簡訊，當然，順利下課更要傳簡訊，我印象中，來來回回跟盟亞回報七、八次，總之都只回報一句話：「一切順利。」

　　可想而知，盟亞一定對我很有信心，更是放心。起初連續幾堂課都在中南部，那時天真的以為，盟亞對我多好，一直給我課，現在回想才得知，應該是王牌不去、或是王牌上不完的課才讓我去。總之，有舞台就是好事，剛出道不要挑，有課就要上，那時不知道這是潛規則，但我的血液裡都知道這概念，直到 2006 年初，接到大陸的案子，加上我應徵安捷倫亞洲區服務銷售部電話行銷部門副總的位置未果，才讓我決定離開外商，自行創業。

　　與其說創業，不如說是換一種方式工作。

　　「陸易仕國際顧問有限公司」，跟所有新創公司一樣，

一點都不厲害，只有我跟我老婆兩個人，每一年都獲利，但都是辛苦的皮肉錢。

公司名字還是湘儀幫我決定的，我那時常跑大「陸」上課，兩個兒子名字中間都是「易」，有傳承之意，讀書人「仕」也，有「視野」之意，再加上是我英文名字 Lewis 的諧音，就這樣成為公司名。

一紙一年七百小時的保證合約，十二張支票，讓我 2007 年加盟盟亞企管，展開為期三年的合約講師之路。

剛創業的我，也因為不太挑課，才會讓我在三年合約講師的短暫道路後萌生退意。2009 年，連續第三年的單年合約結束，我向盟亞拋出「不續約、但繼續合作」的概念，他們欣然接受，其實我心裡面想的是：「解脫」。

這時的我，定義自己是 2A 階段。

2010 年決定去念 EMBA，某種程度也是另一種解脫，分散一下注意力，上課激不起太大的火花，我都知道我能上，技巧也越來越純熟，人很快就倦了、累了，加上講師費不如付出的心力與身體的機會成本，要不是學員、客戶一直支持我走下去，我很難走這麼長、這麼久、這麼好。

沒想到解脫合約束縛的第一年（2010）和第三年（2012），

我的授課時數都比以前更高，兩年都破千小時，史上第一高與第三高時數就在這兩年。時數相對低的那兩年（2010~2012），我還一共出版四本書，再加上寫碩士論文，現在回想起來，我不是瘋了，就是傻了，我怎麼會把自己搞得這麼累。這是3A 階段。

不過話說回來，沒有這三年，就沒有後面的我，出版書籍、課量快速增加、掌握許多出場機會，在這幾年很痛苦，但也是我進軍大聯盟的最大考驗與試煉。

2013 年，是一個隱形爆發的一年，課量刻意下滑，單價逐步拉高，遇見好友福哥、出版慢慢發酵、廣播升溫加持，專欄緩步推升，終於在 2014 年投出最佳大聯盟球季。緊接的 2013 和 2014 年兩年還出版《人生最重要的小事》與《職場最重要的小事》兩本書。

2014 年課量來到史上第二高，年收入首度破千萬，出版一本書，專欄、出版、廣播「四四都如意」，算是我近幾年來球員生涯的最高峰。

2015 年，為降載預備踩煞車，2016 年宣布累計破萬小時後就淡出舞台，希望把更多機會給年輕講者，自己退到第二線從事憲哥品牌的形塑與推動人生使命。一路走到現在，一切都是水到渠成，很難預先做好準備。

唯一能準備的就是：**盡量維持健康的身體，有不斷學習的態度，加上不太頻繁但不能不出賽的精準手感。**

你問我：「創業需要準備什麼？」「水到渠成」而已。

若需刻意準備，可能都不會成，因為時機不對，很難成功。

07 決定一瞬間，等你想清楚，時機都過了

2006 年 5 月，在安捷倫任職的最後兩個月，我在台灣的 Site Manager Celia 向總經理提出了辭呈，並在部門高爾夫球活動結束前向我們宣布。當天下午，我也向她提辭呈，表示：「我們一起走吧！」在此之前，我完全沒準備好。

2006 年年初，我申請外商亞洲區電話中心主管的工作鎩羽而歸之後，抑鬱寡歡了好一陣子，我深知就算殺進決賽，兩強相爭的局面下，雀屏中選的人一定不會是我。道理很簡單，我在台灣市場就算做得再好，靠我的業務經驗加上不算太好的英語溝通能力，是不可能帶領亞洲其他國家業務的，這是我的宿命，也算是我的機會，因為，我不可能滿於現狀。

安捷倫是一家福利超級好的公司，雖然現已改名是德科技，卻不改「HP Way」的靈魂與 DNA，離職十七年，我還是常說我是安捷倫的同事，從不用新的公司名。

我在 2001 年拿到亞洲區服務品質白金獎，2004 年拿下全球總裁獎，要感謝的人太多，就算自己超額付出，我認為那都是應該做的。因為，我自知沒這麼厲害。2005 年年初到夏

威夷參加頒獎典禮，才看到國外的世界，發現自己真的渺小得可以，加上發現就算可以和澳洲老闆用英語對談無虞，但面對世界其他國家的怪腔怪調，我跟白癡其實沒兩樣。那時，我暗自許下一個願望：希望往更高殿堂挑戰。

2005 年 7 月，澳洲籍老闆在新加坡會議中向我們宣布他的退休訊息，隨即在該年年底離開。公司內部有「不知是逼退」還是「真的退休」的傳言甚囂塵上，但我們都選擇相信是真的退休。離開前他鼓勵我，去挑戰亞洲區電話行銷中心主管的這個位置，我知道自己不夠格，嘴巴這樣說，心裡是想去試一試的。

八個人搶一個位置，經過初選複選，殺到只剩兩個人，我和一位新加坡籍的女主管。知道對方的實力之後，我就開始認真準備英文面試的所有可能突發性狀況；那一個多星期的時間，我吃不好也睡不好，壓力大到跟當時來外商面試時差不多。

其實，數據會說話，我業績好、內部的 credit 也非常好，但這項工作需要帶領亞洲共九個國家的業務往上提升，扣除英語能力，我應該是最佳選擇，但偏偏英語溝通能力是一大重點，這就危險了。

結果大家都知道了，確定落榜的時間是在 2006 年 2 月。

2006 年 3 月，盟亞的陶總與美萍找我去大陸講課，為了不想一下子轉變太大，我自己先接了信義房屋在上海的店長培訓，這個辛苦的差事，是我的大陸授課初體驗。

但去大陸授課，我必須依序請年假或事假。

就算我再熟悉房地產的專業運行模式與交易流程，也有員工管理模式這個強項，但心裡還是擔心文化落差。

幸好大陸三天課程結束後，發現我的擔心都是多餘的，課程很好，學員與過往長官都很滿意。

那時心裡就有個念頭，「其實從事專職講師也不賴」，我不想再過躲躲藏藏的日子了，畢竟這是一個需要靠請年假、事假，才能去做的事。

但，就只是想而已。

2006 年 5 月，部門由於上半年成績還不錯，遂相約去打高爾夫球紓解一下壓力。由於前一年，澳洲籍老闆退休後，我改 report 給台灣當地的 Site Manager David 半年、Celia 半年；時常就像是沒有家的孩子，養父母一直換人的感覺。不過這也養成我現在寫專欄，只要一寫到和「改變」有關的議題，總是得心應手。不過台灣的協理與總經理真的都對我們很好，無庸置疑。

場景回到高爾夫球場。那天很冷，球賽結束後，我們在客家餐廳用餐，肚子真的很餓，還沒開動前，Celia 就宣布她要離職的事，我好訝異、錯愕，幾乎不可能發生的事，竟然發生了。

當天下午回到辦公室，Celia 就直接請假不進來，我回到辦公室頭脹得很痛，一直想：合作五年的夥伴去年已經離開，澳洲籍老闆也退休了，現在連台灣當地的協理也要請辭……。忽然間，腦中迸發一個念頭：「要不我也離開好了！」完全沒想到沒有了 240 萬的年薪，以後怎麼辦？老婆、小孩該怎麼辦？房貸、車貸怎麼辦？只聽到心裡那個聲音不斷告訴我：「If not now, when？」

這個聲音不斷呼喊我，雖然我手無寸鐵，只有一個十五年的工作經驗，估計差不多有四成把握，抓住了這個 trigger，先衝了再說。

或許你會說我不負責任、莽撞行事，不把家人放在心裡，但我相信心裡的那個聲音：「就是現在了。」

我深信，老天爺要我們做出決定時，一定會丟出一些訊號（triggers），而我認為：Celia 突如而來的辭職，就是我的 trigger，或者說是天時吧？

　　稍作休息之後，我在工作與創業瞬間做出了取捨，馬上發了封 mail 給 Celia，cc 給 Taiwan 總經理，我看似瞬間做出取捨，其實也算是時機成熟了，再等，不知要等到民國幾年？，就是這十分鐘，決定了我未來人生下半場的命運。現在想起來，那天下午就像是場夢，清晰但惶恐，篤定卻又有些膽怯。

　　很多事，就是一瞬間決定的，等你想清楚，時機都過了。

　　沒想到五週後，反而是我先離開，Celia 晚我一些，離開時我沒後悔。

　　於是，您們看到了，現在的我。

08 很多事現在不衝，
之後再也不會有機會了

2016 年真正冷的日子不多，少數低溫的那幾天，卻因為一則 LINE 的訊息，讓心比肌膚更感到椎心刺骨的冷。

那一天，我接到學弟老婆阿曼達的訊息，上面寫著：「憲哥學長，我是阿湯哥的老婆，謝謝您對他的照顧，他此生已經功德圓滿了。」

看到這則訊息，我呆坐在書桌前，除了回一句：「天啊！」以外，整整三分鐘說不出半句話，腦海裡盡是我跟他相識二十年的種種。

1998 年，我在信義房屋中壢店擔任店長，阿湯就在我的店裡服務。學校剛畢業、剛退伍沒多久的他，青澀、誠懇、微笑總是掛在臉上，很得人緣，他小我五歲，我對他就像自己弟弟一樣。

最重要的是：他陪伴我度過 921 地震，那段我業務主管生涯的最低點。

現在回想起來，當時跟著我沒半路落跑的人，我真的應該要好好感謝他們。後來反而是我先離開，隔年起換過三位

店長，中壢店就關門大吉了。直到六年後，信義才又再次揮軍中壢。

阿湯跟同在店裡服務的表弟，一起跟著我到了華信銀行工作，我們都在雙和地區，直到我調任總行，擔任 MMA 專案行銷組的工作，才正式結束我們長達三年的合作關係。

我們時常聯繫，幾乎都是因為棒球，有時他約我，有時我約他，印象中一起去看過五六場比賽，足跡遍及：桃園、新莊、洲際球場。統一獅近幾年最後一次奪冠對上義大，在新莊的第三戰，我們好不容易買到票，一起分享了統一封王前的重要時刻。

一切都是如此自然，彷彿時間依然繼續在走，棒球依然繼續可看。

有次我們共同的朋友玉芳約我：「文憲，阿湯檢查出來是肺腺癌第三期，要不要一起去看他？」

這是我首度覺得我們的感情會有終止的一天，卻沒想到是這種終止法。

我撥了通電話給他，我很會講業務激勵的話，但真的不擅長跟對方講人生低潮時想聽的話，我試著同理心想像：「如果換作是我，我希望別人跟我說什麼？」

於是我跟他聊棒球，聊了很多。

過了幾天，我送了他一顆魏德聖的簽名球，我特別在 KANO 包場時，請魏導幫我簽的；我說要送給正處病痛中的好朋友，他二話不說，立刻幫我簽給了阿湯。我寄給阿湯，意謂著說出心中真正想說的一句話：「堅持到底的棒球精神。」

2013 年 9 月出版《人生最重要的小事》，我請他幫我拍張照片，也請他幫我在新書影片中錄一段話。當時他還用氣定神閒的聲音說：「我想帶全家人出國玩。」那時他還沒生病，精神狀態一如往常的好，看不出任何異狀，沒想到隔年就發病了。

這幾天再次看到影片時，我不禁紅了眼眶。我們約好一起去桃園球場看陳金鋒打球的，沒想到再也沒機會了。唉～過了 50 歲之後，或許朋友間每次的聚會碰面，都可能是最後一次了。

收到 LINE 的隔天，我到靈堂上香，在還是空白的簽名簿上簽下第一個名字。阿曼達一看到我，眼淚奪眶而出，我發現自己除了能講幾句話安慰她之外，什麼事也不會做。手持一炷香，看到阿湯的遺照，我再也忍不住的說：「你說好要一起去看陳金鋒打球的。」我情緒當場失控。

　　那天，阿曼達告訴我一些過去幾年不爲人知的恩怨；很多在房仲業時發生的事，我都是當天才知道。昔日的朋友、兄弟、合夥人，都有可能因爲利益而分道揚鑣，甚至對簿公堂，對方一句：「你相信我，我眞的不會」，道盡多少人性之間的貪婪與脆弱信任，阿曼達的一句：「我恨你」，就在阿湯蓋棺論定之後，一切煙消雲散。

　　我很慶幸因爲阿湯的高 EQ，讓他生前還是選擇相信朋友，選擇相信人性本善，選擇相信原諒。

　　告別式當天，昔日好友、同袍、同事、部屬都出現了。該出現的都出現了，不該出現的，一個也沒出現。人生至此，該爭的、該奪的、該極力爭取的、該奮發向上的，一切都因爲生命的告終而結束。

　　家屬答禮時，阿曼達牽著四年級的大兒子，帶著眼鏡斯斯文文，似乎對人生終了似懂非懂的鞠躬；三歲的小兒子，左手牽著媽媽的手，右手拿著一包糖果，天眞的他，或許根本不知道發生什麼事，一面調皮的跳著，一面好似不願意的鞠躬，看在大人的眼中，眞的很心酸。

　　我眞的很後悔，沒有多關心他，沒有開口跟他說再見，沒有約他再去看一場球賽，沒有認眞地跟他說聲謝謝，我其實可以做更多的。

　　2015 年年初阿湯逐漸病情加劇時，有一段時間幾乎放棄自己，我都是透過阿曼達告訴我的，他的臉書上不會有任何陰暗人生的消息或是病情的描述。當時我正在舉辦「憲福講私塾三」，阿曼達希望我可以撥通電話邀請他去參加這次培訓，透過正面的力量，轉移他病情逐漸惡化的悲觀情緒，幫他度過難關。

　　阿曼達解釋說：「因為他的身體，已經不能繼續從事房仲的業務工作了，所以近一年來，幾乎是休息的狀態。但我知道，如果還有機會，他應該不想這樣一直休息下去。剛好，我看到了您的貼文，我想，這或許是他的另一個機會，可以讓他即使在休息中，還能有另一種成就。原諒我如此冒失的來信，也期望您可以考慮並與他聯繫。對了，如果您有撥電話給他，請不要提起是我說的喔 。」

　　當天我就撥了通電話給他，當然我心裡很清楚，課程很操，他的身體未必負擔得起，況且這課程是給職業講師上的，不過，既然這是阿曼達給我最後一次和阿湯說話的機會，我一定得做。

　　當然，以阿湯哥當時的狀況，他並沒有接受我的提議，不過，這是我們最後一次通電話，現在想起來，滿是珍惜。

　　有些事現在不做，以後或許再也沒有機會做了，這是阿

湯用他的人生，教會我的一堂課。

　　謹以此篇文章，送給我的好友：湯乾文，當天使快樂，
人生已圓滿！

09 衝動和行動不一樣

FB 和粉絲團，真的不是個像我這麼忙的人該愛上的東西！我不該愛上它的！

我的個人 FB 有 5,000 名朋友、24,000 人追蹤，外帶粉絲團的 76,000 餘人，如果平均每天有一萬分之一的朋友傳訊息給我，我一天就要回上十則訊息，更不要說寫專欄、錄廣播以及眾多課程邀約了。

大部分的訊息我都甘之如飴，就算不跟工作有關，也和人際關係有關，我會很有耐心的，盡量回覆每一位粉絲或是朋友的來信詢問。但就是盡量。

直到遇到他，我開始變得很無奈。

某日，我從 FB 上收到一個訊息：「你好，可以問你一個問題嗎？」其實我不認識他是誰。

「請說。」我回。

他問：「明天有場新書發表會，你會到現場嗎？上面寫座位有限，那我們是用站？還是候補呢？」

我問他：「請問您有報名嗎？」他說沒有，要報名的時候已經截止了。

「那就是排候補，我是明天的主持人。」我回。

他又問：「那我明天可以跟你見到面，跟你索取一張名片嗎？請問你本身是講師，那有在外面授課嗎？」之後我就沒回了，雖然以上對話看起來很正常，但我真的沒時間一封封回覆，直到我隔天見到他的異常……。

那天新書發表會結束後，他走過來拿了一張名片給我，說他是昨天跟我聯絡的人，我看了名片，點頭示意，他接下來的舉動讓我很意外。

他說：「我們聊聊好嗎？」

「聊什麼？」

「就聊聊啊。」

「對不起我沒有時間，結束後我要回家了。」

但晚上我又收到他的訊息。

「我可以約時間跟你聊天嗎？」

「你好，憲哥我問你，通常講話講到最後一個字都是

『啊』或『啦』的意思是什麼？」

「還有用『嗯』或『喔』在回話的又是什麼意思呢？」

「那如果別人跟你約時間又爽約，你是不是會覺得那人很討厭？」

下一句最讓我光火。

「你是很忙沒空回答，還是不知道怎麼回答呢？」

「那可以跟你約個時間嗎？拿書給你簽名嗎？」其實他也不是一個罪大惡極的人，就是一個男大生，但是我就是不知道該怎樣接下去。

隨後我出席一場朋友新公司開幕的公開活動中又遇見他，散場後，他又拿了一張名片給我，劈頭又問我同樣的一句話：「我們可以見面聊聊嗎？」我馬上離開現場，回應他的無禮。

他看到我在台大醫院打卡，他問及我岳母的復原狀況，我禮貌地說聲「謝謝」，接著問他一個藏在我心中的疑問：「我們完全不認識，你一個大學生，怎麼敢直接約我見面？」

他回我：「因為很多勵志書上都說，行動才有未來。」

我說：「大人的世界，跟你的世界是不一樣的，你可以

告訴我，我為什麼要跟你見面嗎？理由是什麼？」他沒再回了，可能他覺得我是大壞人吧！

後來得知身邊有許多男性、女性講師都曾被他騷擾過，他們都是直接封鎖他，大家都說我太好心，我也就不在意了。

不過，最讓我無法接受的是，他去騷擾我的女性友人。

某次電影包場結束之後，我看他這麼積極，便禮貌性邀請他來參加電影包場活動。由於這是私人聚會，很多人都問：「他是誰？」我都禮貌性回應：「一位大學生粉絲。」包場結束後，這同學竟然想要跟現場部分女老師握手，看到陌生人，大家也都嚇一跳，不知該如何是好？

大合照的時候，這位老兄把手放在我的肩膀上，我也沒有拒絕，只是感覺我們沒這麼熟吧？那天包場結束後，四個朋友跟我說：「憲哥，他怪怪的，以後可不可以不要約他？」

「好！」

過沒幾天，他又一直打電話給我的助理說要買年曆，要約憲哥簽書……等等，林林總總、千奇百怪的需求，我的助理以及周圍有臉書的女性友人，早就不勝其擾，紛紛把他加入封鎖行列。

　　藉由這個真實案例，我想跟大家分享我的五個觀察：

　　1. 許多年輕朋友擁有極高的熱情，我覺得非常好，但必須注意的是：**沒有人需要主動幫你。**

　　2. **你是誰，比你說什麼更重要**，你只要是一個咖，自然就會有人願意跟你聊，無論任何領域的咖，就算不是咖，更要有禮貌。與其增加人脈，不如好好增進自己的實力，讓貴人主動看見你。

　　3. **請注意禮貌，與應對進退的技巧。**

　　4. 對於異性，要有更敏銳的觀察。

　　老實說，在臉書上我們不喜歡某個人，就直接封鎖就好，但現實社會非得相見的人怎麼辦呢？人與人之間距離的拿捏分寸，沒有一個標準做法，但切忌「交淺言深」，這樣不僅會讓對方覺得「你幹嘛跟我說這個？」也會讓對方覺得你是一個愛說八卦，不值得信任的人。

　　相反的，如果真的交情很深的朋友，卻是交往感覺處處隔層紗，跟你相處感覺你在防小人也不太對勁，所以我才會說：「人際關係」是做人最難為的一件事。

　　除非你真的打算百分之百做自己，但也請注意：過度積

極行動或衝過頭，在人際關係相處上，不見得很好。

最後，「禮貌」與「尊重」，是人際相處的不二法門。

憲場觀點

· 心想不會事成，勇氣不能成真，搭配行動服用，夢想才會成真。

· 測試不過的鑰匙要直接丟掉，不要放回口袋，放棄就是得到。

· 當鄉愿變成一種自然態度，因循苟且，那又沒什麼關係、隨便啦、小確幸……成為我們新的做事習慣後，那說好的人生夢想呢？

· 我們是相信會看到，不是看到才相信。

· 很多事，就是一瞬間決定的，等你想清楚，時機都過了。

Part 3 | 養足實力，
　　　　　　隨時保有承擔風險的彈性

有界限，才有真正的自由。

01 風險決策模式

評估是否有 40% 的把握，還有一個考量重點，就是：報酬，也可以說是利益或回饋。我用以下的表格，簡單跟大家分析如下：

風險決策模式

	風險高	風險低
報酬高	（A）適用「三點不動，一點動」原則，緩步前進，可用經濟學的「賽局理論」來思考。	（B）你還在等什麼？還不快行動，但要注意，這該不會是天上掉下來的禮物吧？
報酬低	（C）盡量避免衝動決策，尤其要避免一窩蜂現象與浪費機會成本。	（D）循一般原則與決策模式權衡取捨，保持前進即可。

在解釋說明之前，我想特別強調「報酬」二字，正面的意義來看，可能是得到、好處、利益，或是回饋；反面的意

義來說，也可能是「避免損失」。

（A）報酬高、風險也高：

如果你判斷報酬高，但風險相對高，有可能是風險真的高，也有可能是自己嚇自己。請緩步調整自己，建議利用「三點不動，一點動」原則（請見 p.119），或多用經濟學的賽局理論[2]來評估得失，評估你的風險來源，以及是否有把餅做大的決策模式與可能性？

通常一般人會駐足思考許久的例子，應該都是屬於此類，舉例可參考囚犯兩難決策模式與相關論述——是博弈論「非零和博弈」中最具代表性的案例，反映個人最佳選擇並非團體最佳選擇。或者在一個群體中，個人做出理性選擇，卻往往導致集體的非理性。雖然困境本身只屬模型性質，但現實中的價格競爭、環境保護等方面，也會出現類似情況。

（B）報酬高、風險相對低：

請注意，風險是相對低，不是絕對低。若真的這麼完美，我還是要督促大家保持勇往直前的動能，但相對的更要考慮事件背後是否有沒評估到的風險？用一句網路語言來說：「這……會不會是天上掉下來的禮物？」比方說，其他公司高薪挖角，薪水高到讓你嚇一跳之類的。

（C）風險高、報酬低：

都這樣了，你還會考慮這件事，表示這事通常有情感因素在裡面，切忌衝動行事，尤其要避免一窩蜂的現象。提醒大家：「人多的地方不要去」，「與其考慮留下什麼，不如考慮割捨什麼」。因為這類事物，會浪費很多時間成本，造成更多機會損失。例如，聽從他人建議，念一個你自己不喜歡的大學或科系等等。

（D）風險低、報酬低：

這類事件通常為日常決策，可能無傷大雅，可能不痛不癢，只要建立日常取捨的原則，循一般決策模式前進即可。建議大家，此類日常取捨的原則盡可能讓周遭的合作對象，或同事、家人知道，儘量保留寶貴時間在學習上，相信假以時日，你一定會發現自己與時俱進。例如，出國旅遊前花大量時間比價，可能就是比較浪費時間的做法，這類朋友已經誤把時間成本與所得到的好處錯誤估算。

要提醒大家，這些所謂的風險報酬的高與低，都是內心的評估值，僅是一個相對值。你認為的高，或許在他人認為很低；相反的，你認為的低，或許他人認為高。每個人的實力程度不相同，內心對於任何一個事件的衡量指標與尺度寬鬆不一，還是得盡快訂出自己短、中、長期目標，對於風險

與報酬的決策模式，才會有更清楚的辨識。

在這，我想跟大家談談我的 CALM 哲學。

CALM 哲學

· **Change**：改變
· **Accept**：接受
· **Let it be**：放手
· **Management**：管理

嚮往他人的成功模式，不能僅僅是羨慕，要練習改變自己的思維邏輯，不要先求模仿，請先想想自己是誰？如何改變自己的決斷力，才能更果決地做出決斷。

對於「不能」或「短期不能改變」的事，我建議不要耿耿於懷，先做眼前可以改變的事，練習接受老天給你的所有功課，你會更珍惜與感恩，這一點真的很重要。不能改變與不願接受的事，就割捨放手吧！

我時常看見周邊的朋友緬懷過去，無論是高職位、高薪、女友、友情，你最終會發現：不屬於你的東西，若不願接受現實或準備改變，痛苦的只有你自己。或許五十知天命的時

間一到，所有人生未知的一切答案，隨即出現；過的簡單、活得痛快，吃的爽快、玩得愉快，只要還吃得下、睡得著、尿得出來，不就是「人生快意，快意人生」嗎？！

管理你的生活、作息、運動，和飲食、情緒、交友，想不讓負面情緒襲擊你，最好的方式就是保留一顆赤子之心，加上用誠實當作人生最佳策略，你不但可以愉快過生活，更會吸引到跟你差不多的人靠近。

最後送給大家三句話：

1. 當機立斷者易成功。

2. 願意承擔風險者，字典才沒有「失敗」二字！

3.「不去做的風險」一定大於「去做的風險」，請勇敢跨出第一步吧！

---

2. 又名對策論，或博弈論，主要研究公式化激勵結構間的相互作用，是具有鬥爭或競爭性質現象的數學理論和方法。

02 隨身碟思維

我花了十五年的時間體悟到一個看似平凡，卻十分受用的大道理：「**被人需要（利用）真的很重要，否則，你馬上就不被需要（利用）了。**」

我工作前十五年，那一段領人薪水、投勞健保的日子，讓我獲取後面十五年所有的養分。我常在想：「我自己創立的公司十五年還沒有倒，大概是前面這十五年的馬步蹲得還算穩吧？」

2008 年以後，我看到以前許多同事轉換跑道，有些出於自願、有些被迫，無論過得好不好，現在看來，我都認為是好的。因為大多數的同事都還年輕，還有本錢，其實環境再怎麼變，至少餓不死，當然可能也吃不飽。但只要不求錦衣玉食，基本生活維持是絕對沒問題的。

我歸納了許多職場工作者的思維養成、生存技術，**加上前幾年聽到「羅輯思維」（羅胖）的「隨身碟思維」理論**，深得我心並將其發揚光大，應用在我的工作上，很適合大家仔細思量。大家想想隨身碟這小東西，它有什麼特徵？

小？有容量？容量不是太大，但可應急？隨時可用，尤其是緊要狀況？這些差不多都對，我另外還整理了四個特徵：

> **隨身碟特徵**
>
> 1. 自帶訊息
> 2. 不裝系統
> 3. 隨時插拔
> 4. 自由合作

這不就是一般自由職場工作者的典型嗎？

所謂「自帶訊息」，正是你的專業，這也是為什麼我一直提倡專業能力，而不是專業知識。你會什麼，一定會取代你過去學過什麼，或是你念什麼？你真正會的東西，一定要是你實際做過的、參與過，而不是你念書讀到的。

或者你可以換一個角度思考，有什麼事是你示範給別人看、寫成書給別人看、在你面前表演給別人看，而別人還學不會的東西。

我舉個例子，有一次我和福哥在台北辦了一場講師教學示範，現場所有學員無不積極參與，中午休息，走進幾位我

們講師同業到現場探班，其中一位帶了禮物給我跟福哥，積極與我們寒暄問好。沒啥不妥，但好似不太恰當，就是一種說不上來的感覺，有些不對勁，也說不出哪裡不對勁。這老兄拚命與我們的學員合影、積極示好，我就開始覺得怪怪了，我對這位老兄第一次感覺不太舒服。

午飯過後開始上課，他竟然坐在我跟福哥中間，這老兄開始聽課起來了，由於是收費課程，福哥跟我點個頭、示意一下，我們禮貌地請他離開，會後也針對這件事開始有種不祥的預感。

大家是同業，雖然我們不怕被複製，但感覺不太舒服，畢竟我跟福哥的專業與經營事業的關鍵思維還算強，就算只是小眾市場，但也自成一格，任何想要複製我們的人，我相信在互聯網時代不一定會成功，因為大家都知道，模仿者很容易被發現，這就是我們的「自帶訊息」。

關於第二項的「不裝系統」，絕對不是要大家離職創業，因為創業不是你想得這麼簡單。所謂不裝系統的概念是：**不要想著在一個單位、一家公司待到退休，這是不可能的。**

主機板或是硬碟，被裝進 NB 或桌機後，一旦主機不堪用，一般人一定是整台主機丟掉，或是報廢，或是捐助給需要的人，較少會把硬碟單獨拆出來使用。當然啦，我是說大

部分的人。最多就是把資料複製出來之後整台報廢。這個概念的延伸意義就是，建議大家千萬不要想著公司會保障你一輩子，這是不可能的。

要像隨身碟，我有東西，不裝系統，隨時能用。

你多了隨時插拔的這種功能，可以在任何機台上使用，跟任何人都能配合，不受系統的規格限制，那隨身碟的好處就能發揮。

最後你當然可以自由合作，保持彈性，不被餓死。

簡單說，我希望大家注意幾件事：

1. 保持自己的獨到專業，而且一定要與時俱進。

2. 保持良好的溝通技巧，跟任何人都能配合與合作。

3. 不要有太多奇奇怪怪的原則，等你成為一方之霸，再有原則也不遲。

4. 在職場上，寧可多個朋友也不要多個敵人，與人為善，肯定是長久之計，但不適合的人，千萬別勉強在一起。

希望大家在做決策與選擇的時候，都能有更好的籌碼與彈性，能游刃有餘的面對一切艱困環境的快速變化。

03 三點不動、一點動的攀岩哲學

當有了四成的把握，又很想衝的同時，要如何先讓自己不要摔倒或掉落無底深淵呢？此時應注意的是：「三點不動、一點動」的攀岩哲學。

攀岩者向上攀爬的過程，不會大膽冒進；通常會看好目標、檢視體力，待四肢固定後，一次只動一個點，朝目標前進，就能登峰造極。

通常在轉職者身上，很容易看見相似案例。

如果你想轉職，請先將轉職過程中最重要的四個變數或是決策條件寫下來，例如：工作地點、薪資、職位、產業、公司規模、管理職或專業職、工作型態、未來可累積的工作籌碼……等等，先列出最重要的四個決策條件，也就是說：你最在意的四件事。

在轉職的過程中，一下子變化太大，很容易造成失誤，很容易為了轉換而轉換，成為職場洪流下的犧牲者，此時我會建議大家，一次只改一個點，逐步前進。

我自己的經驗是，從台達電子的 HR 換到採購這個職位

時，換的是工作內容；從台達的採購換到中強電子的行政主任，換的是公司，其餘產業、工作地點、工作內容差異不大；之後從中強電子行政主任換到信義房屋成為房仲經紀人，變化非常大，風險也極高，還好當時年輕，撐了過來。

接著我從房仲經紀人升店長，更換的是職務與職級；隨後更換了台北、新竹、桃園、中壢四個工作地點，問題都不大。

後來從信義房屋離職至華信銀行，風險也極高，因為同時更換了工作地點、產業兩項；但這個工作我只做了十個月，很遺憾沒撐過來，不過也意外得到進入安捷倫這間公司的機會。

進到安捷倫公司的這個決定，我面臨了同時更換了產業、工作類型兩項，不過評估到薪資與工作地點都十分有利，只除了須面對外國老闆有些適應不良的症狀外，其餘都還好，因此也締造我往後十七年在事業上的高峰，然後風光創業。

接下來直到 2023 年的這十七年間，我都是以兩年為一個單位，落實「三點不動，一點動」的精神先認真做好一件事，再緩步更換或增加工作事項，至此，每一項都順利成功。

2004 年，試著講課。

2006 年，開始創業，成為專職講師；二年課程時數逼近 2000 小時後，由於長時間上課，疲憊不已，很希望讓自己沉澱下來，繼續學習。

2008 年，至研究所學分班進修。

2010 年，課程累積五千小時後，直接報考研究所，順利以榜首錄取。也因為課程逐步熟悉進入正常軌道，更有了出書的規劃。

2012 年，研究所畢業，課程量隨即瘋狂大爆發。出版方面，在連續出版了四本書後暫歇，始準備進入專欄、廣播領域。

2014 年，講課、專欄、廣播、出版各方面都漸趨穩定，也為下一步創業與人生多元經營埋下伏筆。

2016 年，與福哥一起創立的「憲福育創」，2018 年的大大讀書、2020 年的台灣運動好事協會、2022 年的台灣簡報溝通協會也陸續開展，各類代言、平面與電子媒體受訪、全國巡迴的慈善活動等試著露出，各類型平台我都用「不排斥、不激進」這二不原則全面前進。

林林總總整理了這些經歷給大家，其實我真正想說的是：人從不紅到紅，要很久很久，從紅到非常紅，只要一下子。

善用自己的優點，以兩年為一個階段借力使力，用現有的去創造未來，記住「三點不動，一點動」原則，緩步前進，「給時間一點時間」，設定好目標，想要達標，其實真的不難。

04 酸民的聲音，有時是創造的動力

　　我們時常聽到各大媒體聳動的報導關於：中央執政不力？全民拚經濟？兩岸政策傾中？遇到國旗就轉彎？買不起房？22K 低薪現象，國家對不起年輕人？油電雙漲？國家政策搖擺不定？……諸如此類的言論，或許部分是對的，但我認為大多是似是而非的觀點。

　　近二十年，你幾時有聽過國家哪一年沒有在拚經濟？而幾時媒體會大幅報導國家的進步與生活的富裕？事實上，台灣貧富差距越來越大，有錢的更有錢，需要照顧的人還是很多，百貨公司周年慶大家搶翻天，好的餐廳、一般的餐廳，到了假日總是搶破頭，排隊還不一定有飯吃。你手頭的錢，其實還夠用，雖不至富裕，生活還勉強過得去，但若要跟有錢人比，似乎窮得只剩下年輕。在網路上「靠腰」得到的溫暖，都比老闆給的讚美多很多，於是「習慣抱怨」成為時興的運動。

　　人生這趟旅程，路上的風景得靠自己創造。與其硬要說別人是運氣好才會成功、沒看見他人的付出與行動力，不如抓住機會想辦法跨出行動的那一步。

　　時常覺得政府有問題，那你大可以參加選舉去當政治人物，看自己有沒有本事，讓人民感受幸福，經濟飛躍進步；若你覺得是老闆的問題，你可以試著去投資當老闆，看看你有沒有本事，讓員工領高薪，又讓公司賺錢。

　　若你覺得是學歷的問題，你就努力念好學校，讓你贏在起跑的那一步。覺得是爸媽的問題，是他們不夠有錢，讓你無法過好日子，那你就該努力，不要讓你的下一代抱怨你。如果你老是覺得一切都是別人的問題，那我也只能奉勸你，是不是也該看看自己哪裡有問題？

　　是的，在網路世界裡不用負責，所以酸民文化不斷充斥，好似大家多行、可以用鍵盤改變現狀，果真如此，那應該參選總統，最差也該當個老闆，才能好好改變這個社會。

　　其實大家也不必怪媒體腦殘，人民目光如豆，真正的原因是整體社會太亂，媒體只是社會縮影罷了。而台灣人民長期缺少國際地位與發聲機會，一有某位傑出人士登上國際媒體，無論棒球、美食、運動、設計、發明……，大家或許就會像是高中男生首次看到 A 片般的興奮不已。「台灣之光」成為小小池塘裡當還算大魚的最佳封號。

　　小確幸的自我滿足，與批評他人會讓自己更好的錯誤期待，都是造成個人進步緩慢的主要原因。

有一回我與商周某位知名專欄作家在電台專訪時，結束後我們聊了約十分鐘，談話中完全命中彼此對於自己專欄文章，時常被網友無情攻擊的辛酸歷程。是的，或許身為公眾媒體執筆者的我們，的確有不少改進空間，但畢竟專欄就是抒發個人觀點，觀點這東西，喜歡就奉為圭臬，不喜歡就不要看，媒體自有維持專欄作家水準的權柄，大家若是再不喜歡這平台，也可以讓它無限期下架。

我們不是怕批評，是可惜這些批評者為何要浪費時間去關注別人錯誤的觀點，而不想想自己如何可以變得更好？

我們共同的結論是：台灣在亞洲四小龍排名失去競爭力的這些年，基礎建設相對停滯、民粹內耗、經濟疲軟，房價高漲，媒體與立院無法有效發揮監督功能，然而一般民眾卻隨著起舞，不出幾年，擔心連東南亞國家都要看不起台灣。

或許我也不能改變什麼，但我仍會持續告訴大家：台灣不缺抱怨的人，只缺捲起袖子幹活的人。只要是心中所想，千萬不要等準備好，有 40% 把握，先做了再說。

05) 有界限，才有自由

或許標題跟大家理解的句子相左，應該是：「沒有界線，才有自由」吧？但我認為，少了一個「沒」字，是希望大家去創造一種「有所為，有所不為」的人生。

2016 年 1 月的某一天，行程非常忙碌，感覺只比總統候選人輕鬆一些，天氣冷到寧願打狗都不想出門。我卻從桃園趕到台中，再從台中趕到台北，最後再從台北趕回桃園；那是一種身體上的累，不是心理！我的內心，是沉澱且目標清楚的。

那天，我見了許多人，也做了許多事，我想提提其中三件事：

五點半我和一家任職於金控公司的四位朋友，談談身為內部講師的選擇與自我磨練，他們很會問問題，刺激我思考以往沒想過的問題，讓我講出了以往從未講過的觀點。

在結束愉快的聊天之後，其中一位朋友拍拍我肩膀問我：「憲哥，你為什麼對這麼多事情，都這樣有想法？」

我回：「我只對我有研究的事物有想法，你要是問我其

他領域，我肯定答不出來。」或許吧，我選擇持續在某個領域鑽研，才會造成我對該領域有很深的想法，這不也就是有界限，才有思考的自由嗎？

後來我一直在想，過去是哪一個練習讓我接受刺激之後，會不停的迸發新點子？我的答案依稀是：**在小範圍中慢慢學習，再練習不斷擴大，嘗試在大範圍中，找到思考的自由與奔放。**

人一旦沒有專注的事項，跨出的領域過大，知識含金量很容易被稀釋，很容易造成這也不專、那也不精的現象。

當天七點一到，第二攤來了。我在店裡跟久未謀面的盟亞同事聊天，她們確實成長了不少，當然我也是。我一針見血地講出 2010 年 9 月 28 日的那一天傍晚，在民生東路辦公室發生的事；那天是我「革命的一役」，因為那天以前的我和以後截然不同。

那天以前的我，不懂得經營自己，只知道拚命上課、拚命賺錢。其實這也沒有什麼不好，自己竄紅的很快，真的要感謝盟亞企管的提拔與知遇之恩；但那段時間自己總是覺得不快樂，是一種說不上來的不快樂。

那種感覺很空虛，課量很大，去到哪裡都很受歡迎，學

員喜歡我、老闆喜歡我、管顧喜歡我、承辦喜歡我，只有自己不喜歡自己。

這就是一種矛盾現象，尤其是去中國大陸上課時更是嚴重，有時不僅文化對不上，連語言都會脫節。當時我就知道我勢必得在中國大陸與台灣中間做個選擇。

我沒有做任何評估，更不需要做 Excel 分析表，就是一個直覺——選擇台灣、放棄中國大陸。我把這事告訴盟亞長官，她們總回：「憲哥，你是股東，共體時艱吧！」

正是這句話「你是股東」讓我惱火，我就在「我很紅」與「不快樂」中，來回擺盪，直到我崩潰。

那天傍晚是我去盟亞攤牌的日子，我晚上在板橋有場喜宴，傍晚先去盟亞喬事情，當天大家不歡而散。我拿了當時投入的入股金額後，老闆放我離開，走出民生東路三段的大門，眼淚卻不聽使喚的落下。

司機來接我，一路上我不發一語，他問我：「憲哥你不是要去喝喜酒？幹嘛悶悶不樂？」我大笑一聲回他：「沒有啦，剛剛去吵架，喉嚨很痛。」

輕輕擦拭一下眼淚，二十五分鐘後到了板橋，走上婚宴會館，交了紅包，分享了新人的喜事，當作剛剛沒發生這件

事。

那天過後，積極準備研究所課業，寫論文、寫書，雖然還是不停上課，但專欄與廣播都是那之後的事，影響力也是。而「放下」的當下，是掙扎與不安的。

我自己反省，沒有那天傍晚的翻桌，我可能一輩子都活在不快樂但錢很多的日子，我不想要這樣的日子。

有了界限，才有真正的自由。

那天回家後，回絕了一個學校的演講邀約。

我沒有接學校演講，老朋友清楚，新朋友或許不知。我若真的什麼都要，今天會什麼都沒有；有所取捨，就會有所得。或許有一天，會再度與青年學子見面，無須刻意安排，緣分俱足，一切都會成真。

「不」，就是一個完整的句子；有界限，才有真正的自由。

一定要先愛自己，人家才會愛你。

06 我不是教你莽撞，是希望你別受傷

2013 年我受邀至環宇電台主持「憲上充電站」節目之前，其實發生過許多事，現在回想起來，還真的歷歷在目。

我從 2006 年擔任職業講師起，在許多大小場合我都會說：我的夢想工作是擔任廣播節目主持人。那時僅只於「喊」的狀態，不但沒有行動，連個邊都摸不上。不計算學生時代的實習經驗，在此之前我上只過兩次廣播專訪，一次在信義房屋時代，一次在安捷倫時代。

在安捷倫時代的那一次，我記得是在 2003 年，我上了《數位時代雙周刊》的專訪，標題人物「新學歷無用論」，安捷倫詹董事長給我一個機會，談談非 EE（電子、電機科系英文簡稱）背景的業務經理，如何在科技業異軍突起、一枝獨秀。記者採訪的稿子寫得真是好，加上一張帥氣的大圖，我被新竹 IC 之音主持人任樂倫相中，她約我進行專訪，真的很開心。

我現在就能理解，為何許多來賓第一次上廣播專訪會這麼開心？ 2003 年的我就已經感受過那種魔力了。

樂倫稱讚我在節目中的表現，我們變成了朋友，即使後

來我離開安捷倫，我們還有保持聯繫。接著在 2008 年底，全球壟罩在金融風暴下，有天忽然樂倫問我：「文憲，我記得你跟我說過，你的夢想是廣播節目主持人對吧？」

「是啊！」

「明年，我們一起主持一個節目如何？」

我有沒有聽錯，真的假的啊？我當時講師事業剛起步三年，是兩岸三地的紅牌講師，正是當紅炸子雞、名利雙收，要去做廣播嗎？

為了讓大家更理解我是如何評估這個機會的，用 SWOT 模式說明會更清楚：

電台主持的 SWOT 優勢

S（Strength）優勢	W 劣勢（Weakness）
口條好、反應快、機智佳、興趣支持、是夢想藍圖。	時間忙碌、往返兩岸、不熟廣播製作流程。
O（Opportunity）機會	**T（Threat）威脅**
利用廣播打入竹科訓練市場、並為未來的專屬節目鋪路。	挪出的課程時間很寶貴、訓練商機與缺口，會被其他老師所取代。

　　就是這清清楚楚的幾個字，我只想了五分鐘就答應了。理由很簡單，**夢想與目標就在那裡，機會來了，為何不要？**再者，IC 之音是新竹收聽率極高的電台，節目素質與水準均高，樂倫是好人，願意帶我，我求之不得。

　　或許有人會問，但這樣會很忙怎麼辦？那就用好的計畫來彌補。我一個月去兩次、一次錄兩集，只會花到我兩個周一上午的時間，我評估過後的結果，應該還在可以控制範圍內；加上正好可以順水推舟的把不想去的大陸課程推掉，也是好事。至於不熟廣播製作流程這件事，由於錄音工程樂倫會幫我，我只要產出好的節目內容即可，也解決了這個問題。

　　雖然利用廣播打入竹科訓練市場這一點，後來印證功效不多，不過倒是對於累積人脈很有幫助，尤其是後來出書時幫了不少忙。

　　至於「挪出的課程時間，商機會被取代」這點，現在想來真是好笑，一來不可能；我們這行業，會被取代的講師是因為停滯不前，跟做廣播保證沒關係；更何況我也不是天天做廣播。二來，好的講師，就算忙，人家也願意等你，沒問題的。

　　就這樣，我從 2009 年過完年後的第一個周一上午十點，在樂倫的節目時段中，一起主持了「憲上講堂」單元，談談

職場需要的硬實力與軟實力，每周一集，一集一小時。

做廣播我外行，教育訓練我就很內行了。每次去新竹上節目，我就準備最近遇到的幾個課程案例，以及常在企業內上課的內容與專業，在空中與聽眾分享。

我想特別提的是：**無給**。

是的，我不拿錢，**人家願意給我機會，我開心都來不及，為何還要錢？**錢，在企業內部就有，我不需要去賺這蠅頭小利，這樣也讓樂倫與電台更好做。每回樂倫因為不好意思，都會請我吃飯，現在想起來，每回下節目跟她一起吃中飯的時光，讓我非常難忘。

這一年的小型單元對我而言，是一個很棒的實驗，我想分成幾個層面談談：

1. 廣播是我的夢想，問題是沒有機會，現在有機會，先實驗再說。

2. 你到底適不適合？自己光在家裡猜也不知道，讓別人來評估，若不適合，三集之後，自己就會被請下台，自己無須煩惱。

3. 一面前進、一面檢討、一面學習，再一面前進，是我

認為嘗試新事物最好的辦法。

4. 與其把廣播當夢想、去買書來看、去上課，不如直接動手做比較實際。

5. 只要鎖定目標，那些干擾你的因素，都看起來毫不起眼。

6. 實際的戰場，才有真人可以請教，而且是職人。

7. 試想最差狀況，反正我還是可以回去當講師，不用怕，先去做個小實驗。

最後這個實驗做了一年，效果不錯。後來因為我工作真的很忙碌，加上預備念研究所，到一年後出書，一切顯得流暢、自然而且無縫接軌。

我發現了幾件事：

做廣播對我來說沒這麼難，只要做好安排與計畫，凡事都能克服。

講師與廣播主持人兩個身分，對於個人品牌建立，有加分效果。而學習將複雜的知識濃縮並簡化，是我在廣播裡的最大學習。

2009 年的廣播小實驗，接踵而至的是 2010 到 2012 年的研究所就讀、連續四年出版五本書的寫作之旅，及從 2013 年至今的專欄作家身分、廣播節目主持人的神奇之旅。

所有的結果看似平常，但 2009 年我若因太忙，或是諸多原因放棄這個實驗的好機會，我相信後面所有的可能，都會變成不可能。

前面提到的專屬節目鋪路，我想在此跟大家分享，我為何有這機會？

在 IC 之音製作節目的時候，我認識了後來到環宇擔任台長的郭蘭玉副總，只因我在 2009 年與她的短暫結緣，讓她到環宇之後想再度與我築起合作的橋樑。於是，在她多次邀約，以及我評估時機成熟之後，我的節目終於在 2013 年元月開播，就是《憲上充電站》節目。一位不支薪的主持人，充滿熱情堅守崗位十一年多、數百集的人物專訪，拚到入圍兩項廣播金鐘，對我而言，已是老天賜予我的絕佳機會與幸運。

我的諸多夢想圓夢成功，我已無遺憾，希望正在讀這段文字的你，跟我一樣。

07 辛苦耕耘，換得絕佳成績

講師工作，若是要靠名氣來支撐，終究換來的不是餓死就是累死。

現在回顧十幾年前的自己，其實什麼也不會，充其量只能說：「我會做業務，若硬要再加一樣，最多就是客戶管理。」

在安捷倫得到總裁獎同一年，我接觸到訓練課程，當時別人問我：「你會講什麼課？」

我回答：「我不會講課。」

現在你再問我：「你會講什麼課？」

我還是會回答：「我不會講課。」

後來很常有人問我：「你是怎樣變得這麼厲害的？」

「都是被客戶磨練出來的。」

我們這一行真正的老師是 HR。怎麼說呢？

我把 HR 分成四種人，我們都可以跟他們學到東西：

1. 不懂就說不懂：這一種最好。我們身為講師，就跳下去一起跟他演化，跟公司與時俱進，對於新講師或是資深講師，都是學習。有戰場讓你打仗，有舞台讓你發揮，真的要偷笑了，不過這時你的價碼不會太高。

2. 不懂裝懂：這一種最累。對於新講師而言，你會非常辛苦，這類案子通常拿不到，但對於資深講師而言，會氣到吐血。不過呢，跟這類客戶互動最大的好處就是：最後讓他對你產生崇拜之意，就是人生最大的欣慰。

3. 很懂裝不懂：這種你要小心，他會測試講師，自己千萬不要吹牛吹過頭了，很容易被對方看出破綻。要接該家企業之前，請先做好功課，不要被打槍於無形，否則自己怎麼死的都不知道，新講師不可不慎。利用做功課的同時，就是一種學習了。

4. 很懂就說很懂：這類 HR 你會跟他學到很多東西。兩邊若是都有專業，很容易一拍即合，價碼也容易談妥，在與他互動的過程，肯定是一場最棒的學習。我自己很喜歡跟高手過招，進步的很快。

大家有發現嗎？其實我的進步，是跟 HR 學的，你若是把上述的 HR 換成學員，其實道理差不多，總之，我們面對陌生行業，最好的學習方式，就是跳下去跟他們一起演化、

學習。

出道時，我大概只會上電話行銷技巧，客戶經營、顧問式銷售、面銷技巧這類的銷售課程，久了以後，不但很膩，而且你的客戶很快就會上完一遍了。

面對生存問題，難免會開始做一些他類課程的挑戰，此時，有四成把握就衝的概念就很重要了。因為不可能有一個全新的課程機會，會等你完全準備好，當然你也不可能去接一堂你完全陌生的課程。既然別人都敢找你了，你為何不敢去上？

這時候，你就看 HR 要求什麼東西，來判斷你有多少把握了？

講師學歷？相關工作經驗？授課指標狀況？同產業的 reference site？有沒有課程大綱？親身經驗？小故事？你這門課，有誰推薦？管顧敢不敢推你？……等等。

有時 HR 會說出一些不太人道的條件，我自己就遇過。例如：

「憲哥，您可不可以讓我知道『管理電影院』課程裡您帶的片段，所有的電影對白與講授台詞？可以幫我們寫下來嗎？」

「憲哥，您可不可以讓我們廈門、蘇州、成都與台北四地連線，您只要跟另外三地的學員打招呼就好，不用管他們？」

「憲哥，『管理電影院』課程可以將 3.5 小時濃縮成一小時就好嗎？」

「憲哥，三小時的『時間管理』課程，可以增加一點『壓力管理與業務開發技巧』的內容嗎？」

「憲哥……」

有時一些要求可以克服，一些則牽涉到時間資源，甚至是人格與尊嚴。

我常跟我的學生說：「我之所以當講師會成功，是因為我是頂尖業務。」這些清一色都是業務的反對意見處理實例，業務工作的確是許多工作的跳板。

老話一句：**「沒經驗就要有時間，沒時間就要有經驗。」**

客戶就是我們的老師，我們都是從不會到會，沒有人一開始當講師，什麼都會的，當然講師什麼都會也很可怕，正也表示他什麼都不會。

演化的過程中，我們與客戶一起成長，這是我體會到的

最大學習。千萬不要覺得自己很了不起，因為高手都在民間，我們只要做到該項領域頂尖，就不怕沒有舞台了。

　　剛出道，由客戶決定遊戲規則，因為我很缺，缺舞台、缺客戶、缺錢、缺信心、什麼都缺。現在由我決定遊戲規則，我什麼都不缺。做任何行業，要有信心做到頂尖，哪怕小池塘當大魚都無所謂，過程中一定要學習堅持，與時俱進，掌握客戶需求，你也可以憑藉這些條件，闖出一片天空的。

08 能改變命運的，永遠只有自己

你周遭有沒有朋友是，老公長年在大陸發展，老婆帶著孩子在台灣，這類「僞單親」家庭？通常相隔的時間一久，感情淡了，干擾多了，分開變成必然的事，更別提其中一方會遇到的誘惑。

但這篇故事的男女主角不一樣，他們是老公去大陸工作了，才讓人看見婚姻的眞諦與美好，老實說，我很羨慕他們。

曉諭是我的學員，我們之間的關係不像老師與學員，比較像是朋友，或者說，比朋友更親一點的家人也不爲過。

她在金融業服務長達二十年，兩個孩子分別念到高二、國三，老公才到大陸工作，我問她：「老公爲何突然想到大陸工作？」

「若台灣有更好的機會，他也不想。」

一句話就點出許多台灣職場工作者的辛酸處。

我鼓勵她：「妳沒問題的，這麼多的職涯轉換都難不倒妳，電銷這麼難的工作難不倒妳，當講師遇到台下學員不鳥

妳更難不倒妳。只不過是老公去大陸而已嘛，小菜一碟的。」說完彼此笑了笑，但我卻發現越來越不對勁。

曉諭的臉書不時發出：「我真不知該如何是好」、「沒了老公，我晚上翻來覆去睡不著覺」、「我不知道怎樣生活下去」、「換燈泡、搬重物好難」……，之類的文字。我請她的好姐妹去深入了解一下。

最後得到的結論是：太太面對老公去大陸發展，不是少了一個人的問題，是少了一條情感連結與寄託的繩索。

我過去辦了很多實體活動，身為重要幹部的曉諭，有時能來，有時不能來，加上她身兼爸爸與媽媽的雙重角色，尤其是身穿職業講師的理智外衣，很多事我都能體諒，特別是她好幾次還匆匆趕場赴約。其實大家的心在一起，無論有沒有出席，我都沒有質疑的理由，她的辛苦，我都知道。

最讓我敬佩的是，她不會因為老公在大陸而停止美麗，是心與身的美麗。

她開始轉移寂寞的注意力，孩子大了，需要注意的事從接送或聯絡簿之類的，轉換成交友、心理狀態。她讓孩子知道媽媽一直在快走，不但記錄每天快走的行程，也分享短文在臉書上，我相信孩子都看到她的堅持與毅力。

她是一個跑一百公尺就會喘的媽媽，但自從快走之後開始練慢跑，從一公里到三公里，那年要挑戰人生第一個半馬。我常跟她開玩笑說：「老公去大陸，是不是老婆都會發瘋？」

她笑著跟我說：「我沒瘋，我頭腦比以前更清楚。」

她會把家裡安頓好，讓老公無後顧之憂，公開臉書曬恩愛。老公沒回台灣，曉諭就去深圳找老公，獨享三天兩夜屬於小倆口的親密時光；老天爺給什麼資源，就過什麼生活，都可以很幸福、快樂的。

曉諭的講師事業經營的有聲有色，雖然起步很慢，衝刺力道倒不小。不僅自己進步速度快，還不時提攜後輩前進，十足大姊風範，我很佩服她。

這個故事簡單一句話：**「與其每天擔心老公變心，不如時時刻刻讓自己變年輕。」** 曉諭的年紀，搭配她的外貌與身體狀態，你完全不會相信她已經是一個孩子大學畢業的媽媽，是逼近五十歲的貌美新時代女性。

其實，多少人嫌棄另外一半賺不夠錢、自己不夠美、學歷不夠高、公司不夠大、職位不夠高，或孩子念書不如人、賺錢比人少……。其實你最終會發現：**能改變命運的，永遠只有你自己。**

曉諭本來就是一個很正面的人，但老公就是她的死穴，她不能沒有阿娜答，如今面對這個挑戰，她似乎也從谷底翻身。她的日常生活舉動，只是在告訴遠在海峽另一岸的老公說：「你給我好好做，老娘的狀態好得不得了，不要想東想西，我等你載譽歸國。」任何一個男人，都會喜歡這樣的女人。

婚姻會失敗只有兩個原因：

1. 家裡那個人推你向外。

2. 外頭心動人巧遇邂逅。

只要避免這兩點，婚姻不容易出問題。即使第二點你不能主導，但你絕對可以做好第一點。很多事，讓自己變得更好，更好的事，就會發生。

09 無論多困難，做了才知道

人如果倒楣，就會衰事連連，看你從哪個角度看。

2013 年 2 月的某一天，我開著一台只開了二十六天、一千公里保養都還沒到的新車，到新店去演講，演講散場時，上市公司董事長還握著我的手說：「這是我在公司多年，聽過最棒的外部講師演講。」言猶在耳，爽度爆表。沒想到三十分鐘之後，我在北二高隧道口就被後方僅車齡十個月的休旅新車追撞。

隧道口在堵車，我早已停下，看到這老兄的車子時速接近六十到八十公里，當下心裡直覺：「還好有保險。」下車察看，才知道後方車體受損蠻嚴重。好吧！遇到就處理吧。

到了國道警察局做筆錄，才發現對方在北部某大學服務，人是很明理啦，就是用極度專業的態度面對車禍，不多話、也不逃避。但原本他車上的行車紀錄器被警察拆下之後，就「突然」什麼都看不到了，我到今天還覺得奇怪。

行車紀錄器不是我的，我也不能說什麼。

一個多小時筆錄做完，憤而離開國道警察局，油門狂踩

準備開上聯絡道接回國道三號，忽然感覺後方閃光乍現，好似被拍了張照片，兩周後，真的收到超速罰單，心裡面真的很想罵三字經。

回到中壢後，我打電話給保險業務，他馬上在中壢交流道等我，借了我一台舊車應急用。這應該算是我一連串不幸事件中，最溫暖的人間情了。

後來我的新車是修好了，但由於受到意外事故，二手車價必定受到影響，這部分並無法透過修復返還既有的損失，我很掙扎，心裡真的很掙扎。我沒有請教朋友，但我心中的盤算是這樣的：

1. 提告最多拿回個十幾萬，我不缺這十幾萬。

2. 我沒有時間上法庭，時間成本更高。

3. 請律師，勢必再多花一些錢。

4. 我沒有任何出庭與法律訴訟的經驗，很想嘗試看看，經驗無價。

5. 我如果單槍匹馬把案例談成功，未來可以變成我的教學案例。

6. 車險業務可以提供部分專業支援。

7. 不想驚動身邊所有人

心裡面大約評估以上七件事情之後，我真的也沒什麼把握，就決定一試。

掙扎半年後，我決定拿出當時車險業務幫我請公證公司出具的鑑價報告，再請律師朋友幫我寫一封律師函，準備對對方提出損害賠償告訴。

接下來就是一連串的調解與出庭了。

為了要出席調解委員會，我把每一次出席的紀錄都記載的很詳細，包含出庭時間、出庭事由、細節過程，還有我的準備、對方的回答、法官的答覆……，鉅細靡遺的紀錄。現在想起來，還真的蠻有趣的。

當調解委員問我：「會不會撤銷告訴？」

我回：「不會。」

律師愣了一下，說：「那就法庭上見吧。」

我看見律師錯愕的表情，還蠻想笑的。其實我想到的是，以前在房地產服務期間，天天看新人談斡旋、處理客訴，和跟買賣雙方折衝的畫面；這年輕律師在我眼中，好似剛出道的房仲，照表操課，一句「那就法庭上見吧」，讓我看出背

台詞的痕跡，一方面好笑，一方面緊張。

我真的要開始面對一連串的出庭了，只為了十萬元？不值吧？

這當中我一次又一次的懷疑自己的決定，但頭都洗下去了，就做吧。

我一共出庭四次，每次都是我單槍匹馬，對方每次都由律師出庭。而被告席次上每次都坐著不同律師，他們每次出庭都是在庭上才看卷宗，我發現了這一點，他們對案子每次都不熟，而我卻越來越熟。

直到第一次正式出庭相見歡的時刻，律師那個樣子我漸漸地熟悉了。看到雙方打躬作揖，很有趣，見多了大場面，除了一點小緊張以外，就把它想成掛號看醫生。這過程我越想越興奮。

第二次出庭我恰巧在大陸上課，行程很早就排好，庭期好似也不能更動，那是我最想放棄的時候。心裡面那個聲音告訴我：「被告就等你放棄，他們就不戰而勝了。」想到這裡，我決定繼續撐下去。

算是我的硬頸精神吧？

所以我查了新北市地方法院相關網站，印出請假單，附

上機票與出國證明，掛號寄出，七天之後收到更改庭期通知，事情就解決了。

只要開始行動，都有方法解決的。而我是在一個沒有人諮詢的情況下孤軍奮戰，我爸都不知道這些事，事業好夥伴福哥我也沒多說，我不想讓大家為我擔心，我只想要試試我有多少能耐。

第二次出庭，對方律師提出損害賠償金額應檢附當時購買發票，不應算新車牌告價，我又翻箱倒櫃找出當時發票。還好沒丟，檢附掛號郵寄之後，又過了一關。

第三次出庭，事情慢慢明朗。原來損害賠償金額是可以談的，從原先的十萬多元，看似加入新車購買折扣後，就漸漸理出頭緒了。我第一次覺得我會勝訴。

第四次出庭，對方沒有人出席，我知道我應該會勝訴。宣判的結果，我獲得八萬多元的賠償，加上孳息，半年後我拿到產險公司的匯款，金額共計九萬多元，心裡面石頭才算落地。

經由這件事我學到的是，任何行業都有專業，我若下次再遇到，我會請律師出面，不會用我的寶貴時間去賭這些小錢。爭一口氣是個屁，機會成本才是王道，你越想爭一口氣，會越陷越深。

很多看起來很困難的事，去做了以後就發現沒這麼難。人生需要勇氣，加一點憨膽，衝了就會發現海闊天空。做事情不用聽太多人的意見，他們是他們，你是你，傾聽自己的聲音前進。唯有親身體驗，才是王道。買本訴訟大全來看，不如自己親身走一遭，人生因此而豐厚飽滿。

律師也是演員、原告也是，法官可能也是，堅持立場，七分聊天、三分攻堅，哈拉加上進攻；進攻，就是最佳的防守。

一年的訴訟經驗，換得小小分享。原來倒楣與好運都在一念之間。

不過這個事件，我最氣的是那張超速照相。人呀，千萬不要在低潮時做衝動事。

憲場觀點

・嚮往他人的成功模式，不能僅僅是羨慕，要練習改變自己的思維邏輯，不要先求模仿。
・要像隨身碟，我有東西，不裝系統，隨時能用。
・小確幸的自我滿足，與批評他人會讓自己更好的錯誤期待，都是造成個人進步緩慢的主要原因。
・「不」，就是一個完整的句子；有界限，才有真正的自由。
・沒經驗就要有時間，沒時間就要有經驗。

Part 4 | 從槓桿原理看人生，
加強專業，克服恐懼

先求有，再求好；先求好，再求大．

01 槓桿原理

我物理不好，但槓桿原理我還懂。

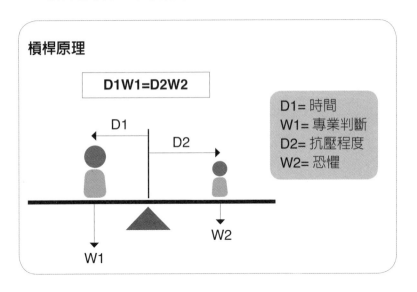

槓桿原理

$$D1W1=D2W2$$

D1= 時間
W1= 專業判斷
D2= 抗壓程度
W2= 恐懼

我常用數理原理，解釋複雜的社會現象，例如：要得到「100」這個解答，需要哪兩個自然數相乘？

$1 \times 100=100$

$2 \times 50=100$

4×25=100

5×20=100

10×10=100

20×5=100

25×4=100

50×2=100

100×1=100

在某次新春團拜分享活動中，聽到輔大營養學專家劉沁瑜教授用槓桿原理，來解析她的人生平衡哲學，當天我學習很多，也有了更多、更深的體會。

其實槓桿原理很簡單，用蹺蹺板來比喻，大家一定聽得懂。

它的理論邏輯是：**D1W1=D2W2** （施力 x 施力臂 = 抗力 x 抗力臂）

簡言之，你要扳倒一個胖子，在你的施力短期無法增加的情況下，必須選擇夠長、夠大的施力臂，才有可能扳倒抗力大你數倍的胖子。這就是阿基米德說的：「給我一個支點，我就可以撐起地球。」我就用這理論，來談談我對這議題的看法。

我將上述四個物理學符號，用我的概念幫大家重組：

D1 ＝時間

專業判斷能力不好（W1 越小），代表準備的時間需要更長（D1 越大），效果會較好。

面對挑戰，若能有充分時間調整自己的步伐，絕對是好事，但可能會面臨的狀況有：

1. 永遠沒有準備好的那一天。

2. 準備時間越長、邊際效益越容易遞減。給你很多時間，等於沒有給，長時間準備，反而刺激不出潛能，然而時間的流逝，背後會帶著些許機會成本損失，或許等你準備好了，機會就是別人的了。

W1 ＝專業判斷

專業判斷與能力值越高，W1 值就會越大。

當你要挑戰一件事的時候，舉凡離職、換工作、創業、挑戰新事物、搬家、適應新生活……等等，得先評估一下自己的專業是否能夠負荷得了。

D2 ＝面對挑戰與風險的抗壓程度

意指心中的恐懼、不安、風險與所受的抗壓程度。舉例來說，到外商上班，跟晉升外商亞洲區主管的工作，後者的抗壓程度一定需要更大。

W2 ＝恐懼

恐懼感越多，W2 就越大，恐懼感越小，W2 值就越小。

我不是物理學家，當我看懂萬物的道理之後，發現平衡與取捨之間，絕對有種微妙道理。我舉四個例子如下：

1. 時間太短 × 專業判斷強，若抗壓程度變大 × 恐懼變小。

2. 時間夠長 × 專業判斷不佳，若抗壓程度變大 × 則恐懼隨之變小。

3. 抗壓程度不足 × 恐懼很大，則時間要非常長 × 專業判斷可以不變，才能平衡。

4. 抗壓程度不足 × 恐懼仍大，若時間不變 × 則專業判斷要非常強，才能平衡。

所以，會有這麼多挑戰正是因為人的掌控能力，人只要

擁有專業，就算時間不足，但只要克服恐懼，增強抗壓性，很多問題都會迎刃而解。

你發現了沒？很多事都是自己嚇自己，要不要去做而已，只要是方向正確（這一點很重要），若沒有專業，就要有時間；若沒有時間，就要有專業，恐懼都是因為缺乏專業而來的。在這，我提出幾個常見的問題給大家思考：

1. 宅男想追心儀女生。

2. 被公司調往上海工作，必須與家人分隔兩地。

3. 換新公司，遇到的老闆不會說中文。

4. 我怕水，不會游泳，卻想學潛水。

5. 這一堂課的教學我沒把握，但很想試試看。

6. 我想挑戰三鐵，但我只會游泳，騎車普通，跑步會要人命。

7. 我想申請「TED x Taipei Open Mic.」（TED x Taipei 講者的初選活動），但我上台會發抖。

如果上述問題，用 D1W1=D2W2 邏輯去思考，你會得到兩個結論：

1. 只要你想做的事，都有方法解決，除非你啥也不想做。→人生目標很重要。

2. 時間有限，是否有充分利用，決定你的成就。→時間利用更重要。

02 戰術執行成功，就能逆轉勝

「這一球再投，揮棒打擊出去，左外野方向高飛球，左外野手退退退……退，退到全壘打牆旁邊，把球給接殺出局，三壘上的跑者開始跑壘，球傳進本壘，……safe！」

認識我的，不認識我的，幾乎都知道我是一個棒球迷，我從小學四年級開始，每年暑假都跟著阿公凌晨爬起來聽三級（少棒、青少棒、青棒）棒球轉播，到如今，已有四十年的棒球齡，棒球在我生命中，占有一席之地。

或許不是因為誰輸誰贏對我有多大的影響，包含我 40 歲以後看棒球，不一定是中華隊、統一獅隊贏球我才會高興，輸球才會難過，棒球已經是一種我的生活態度，它其實就是人生的縮影。相較於贏球，我更喜歡觀看過程。

特別是那種該贏未贏，該輸未輸，或最終反敗為勝的比賽，更為人津津樂道。

2001 年，陳金鋒用兩支全壘打在天母打退桃太郎（日本隊），中華隊獲得世界盃第三名；高志綱在亞洲盃打出逆轉再見安打，擊退韓國獲得奧運代表權；或是林智勝在 2006 年

杜哈亞運打出逆轉再見安打……。這些經典的比賽在歷史的洪流中，永遠會烙印在台灣人心中，許久不會褪去，他們也幾乎成為台灣的英雄，棒球的代名詞。

熟悉棒球的人都知道，逆轉勝，只是一個結果，過程中蘊含許多戰術的徹底執行與戰術賭注，特別是那種只差一兩分的比賽，戰術執行成功，不僅可以獲得得分契機，增加得分機率，更是士氣的逆轉，手氣的搬風。

但是戰術的執行，背後都帶有犧牲的可能，與取捨的拿捏，我舉幾個例子：

1. 犧牲打：當兩軍對峙，分數只差毫釐，比賽來到後半段，反攻契機僅剩若干機會時，首棒打者若能靠保送、觸身球、安打……等各種方法上壘，教練都會下達戰術給後棒打者，請他們犧牲觸擊。此時會遇到的各種問題是：後棒打者是強棒、強棒的觸擊成功率不高；後棒剛好是弱棒、觸擊失敗怎麼辦；點成內野小飛球容易造成雙殺……等教練的疑慮。教練判斷的憑藉多半是日常訓練的觀察，或許帶有些許猜測，下達一個他認為可行的賭注。

2. 盜壘：當壘上有跑者，下一棒次攻擊時，下達一個「打帶跑」，或是盜壘戰術，通常可以讓氣勢與形勢雙雙逆轉，但同樣帶有風險。若是盜壘失敗怎麼辦？「打帶跑」沒成功

被識破戰術怎麼辦？暗號沒看清楚，增加作戰風險怎麼辦？若是下一棒有機會把對手擊沉，你卻叫他去做觸擊戰術，後續被球迷罵怎麼辦？你若是教練，你該怎麼辦？

3. 投手牽制：你已預測對手會執行盜壘戰術，投手會往壘包進行牽制，做得好，隊友、球迷齊聲叫好；做不好，可能會造成隊友漏接，偷雞不著蝕把米，出現反效果，會讓對手多進一到數個壘包也不一定。

4. 投手以變化球路騙打者出棒：通常投相同的球路久了，打者容易摸清投手習性，用猜球的方式攻擊投手，此時投手會用致命球路，或是少用的變化球路騙打者出棒。用得好就「好棒棒」，用不好可能會造成壞球連連，將打者保送一壘。

5. 預測打者的落點，守備員預先站位調整：舉例來說，守備員預測彭政閔會打左邊的球，他又是強打者，此時自然會往左邊站一些，稍微退後一些，被猜對還好，要是賭錯邊是相反方向你怎麼辦？

其實這類例子真的不勝枚舉，我要是真的認真寫，可以寫個二十種，我猜讀者也霧煞煞，我就寫到這裡。但我真正想說是：

1. 戰術成功諸葛亮，戰術失敗豬一樣：成敗論英雄的世

界是殘酷的，但我看球這麼久，從沒有一個教練是眞的成爲神的，因爲神也有失敗、打回人的世界裡的時候。棒球讓我學會兩件事：**「成功比失敗次數多，你就離神級近一點」**；以及**「關鍵的比賽贏一次，勝過小比賽贏一千次」**。這就是成功的基本原則：**「對的時間，做對的事，而且一定要被看見」**。

2. 運氣：不可否認，以棒球的案例出發談勇敢嘗試，運氣肯定是決勝關鍵，但運氣背後搭配的是測試的數量以及專業程度。

3. 專業程度：我用上面的案例來判斷冒險成功的機率，和林智勝用上面的案例來判斷冒險程度，當然結果可想而知。專業程度背後所引發的問題即是「你靠什麼維生」？

4. 練習的次數：很多人都說中華隊的中間打線（第三到第五棒），不會去練觸擊短打。其實不要說是中華隊，可能美國的職業選手也很少練觸擊短打。但總教練是要被迫等待一個「兵到用時方恨少」的窘境？還是做好萬全準備，培養全能型球員？但不可否認的，「沒有經驗，就要有時間練習，沒有時間練習，就要有經驗判斷」，過往練習的次數，就會決定成功的機率。

5. 隊友的團隊合作能力，與教練的督促提攜：我認爲這

也是一個隱形的成功關鍵，一個人很難做到驚天動地的大事，你必須有好隊友能夠配合戰術執行，有人能夠看出你的盲點才行。

以上在棒球場的例子，用在商場、職場同樣適用。此時此刻你的人生，正在面對選擇與賭注嗎？你有勇氣往前一步嗎？希望你能運用上述五個關鍵，創造與以往不一樣的未來。

03 沒有勇氣，只會裹足不前

憑良心講，我的文字能力相較於口說能力是貧脊和匱乏的，各位現在看到我的書、專欄、推薦序和部落格，其實都是後天練的。這可以從我大學聯考國文只考 44 分看得出來。或者我說實在一點，文字能力是十年磨一劍，口說能力才是天賦。

天天寫，常常寫，不要怕被笑，拿出獨到觀點，就有機會寫成好文章。

我在出版了三本書之後，才受商周網站邀請，撰寫專欄部落格「職場憲上學」。這算是跨出我的舒適圈，首次登上公眾平台，離開較舒適的課堂教室，擁抱陌生群眾，不過這樣做，真的害慘我了。

起初我天真的以為，不會有什麼人看，就寫我要寫的內容，反映職場辛酸與甘苦即可，直到目前為止，回頭去看初期的文章，都還覺得慘不忍睹，畢竟寫書與寫專欄，無論閱讀對象與目的都有所不同。

不過寫作就是如此，練久了自然就熟悉了，直到我體會

被網友攻擊的滋味。

其實一開始也還好，不看就罷了，沒想到很多好友紛紛好心透過私訊來提醒我：「這裡要注意，那裡要小心的」，直到事態嚴重，我才出現倦勤的念頭（是不是很瞎）？其實就是我不習慣公眾媒體，論述議題所衍生的後遺症。

我真的好幾度想要放棄，直到編輯朋友們好言相勸之後，我才慢慢將心穩定下來，開始分析每一篇文章的瀏覽量與按讚數，透過轉貼分享數等各個指標，來分析每一篇文章的影響力，並加入專欄文章自我評估的分析機制。

不出多久，我就找到一些答案，很特別的是，**自己受過的傷，才知道有多痛，避免下次再犯同樣的錯誤**。總之，我歸納成一句話：「死狗無人踢」。

接踵而至的是第二階段，我轉變成「特別小心」的態度。寫文章與發表個人意見相似，一旦瞻前顧後，思考再三，好文章就不見了，取而代之的卻是「安全的文章」，或說是「不痛不癢的安全文章」。

專欄講求的是觀點，若是觀點與大家都一致，其實也輪不到我來寫，我的文筆普通，若再加上觀點普通，憲哥這個人很普通，從頭到腳都很普通，我想我應該也寫不了這麼久。

第三階段的我，再次回到第一階段的初心，輔以觀點的強化，大量閱讀書籍，用不同角度觀看我所面對的每個職場事件，後來還用心著墨許多行銷事件，舉凡演唱會、中華職棒全猿主場、政治事件……等等。我很希望再次找到我對每個事件的觀點，加上我不畏犯錯的勇氣，此時的心裡真的有種說不出的爽感。

我一開始並不明白為何有如此感受？尤其是在網路上受到霸凌之後。但我慢慢發現，唯有按照心中真正的聲音前進，才能找到往前的道路。

就這樣，之後的幾篇還算膾炙人口的文章出現了——

〈40 歲後才明白的道理〉、〈公司福利再好，你也不該從菜鳥待到退休〉、〈五大特點決定你薪水是 22K，還是 66K？〉、〈早上八點半的面試〉、〈上海工作十年〉、〈十個壞毛病正謀殺你的時間〉、〈為何公司尾牙，老闆要求你上台表演〉、〈第一線服務業千萬別待太久〉、〈一個離職領隊的告白〉、〈沒人按讚好失落〉、〈經歷，才是你完勝的履歷〉、〈把球賽當演唱會辦〉、〈年輕人不要對不起自己〉、〈桃機員工用 60 元助人，意外幫老公找到好工作〉、〈沒去投票的沉默六百五十萬人，他們到底在想什麼？〉……共一百五十餘篇的「萬讚」或「萬人瀏覽」，這「雙萬」的

傑出成績，絕對是我始料未及的。

你問我：「如何達到這成績？」

寫專欄需要的是勇氣，不是文筆，更不是因爲躊躇思考而裹足不前。

先求有，再求好；先求好，再求大

一個非常簡單的邏輯，許多人卻參不透。

一個人或是一家公司，絕對沒辦法一蹴可及或直接攻頂，但你可以先求有、再求好，先求好、再求大。求好心切是成功者必須擁有的態度，但「沒有最好，只有更好」。

這幾年受到我的夥伴福哥的影響，他對簡報教學或是人生態度，幾乎都是採取 0 或 1 的人生哲學。要嘛就不做，要做就做到最好，其實這種態度說也奇怪，跟我的人生哲學恰恰相反，但我為何對他癡癡著迷？

或許我是學企管的人，大家都說學企管的人，所有科目都會，然後都會一點點。好像也是耶，除了經濟學、行銷學我比較有著墨以外，統計、會計、管理數學、組織行為、策略管理、領導決策都是半桶水，自己頂著企管系畢業與 EMBA 小小高材生的光環，又是企業知名講師，大家常稱讚我為大師，自己非常清楚我只是「有名一點的老師」。

但福哥不同，他不會的東西就會直接說不會，記帳？我不會；社交？我恐懼；耐心？我沒有，這就是他，始終如一

的他。但某一樣東西就不要被他摸出興趣，簡報，他可以沒日沒夜的研究；做麵包、當奶爸、騎自行車、煮咖啡、研究網路平台……諸如此類的事物，他可以投入大量時間去研究，非得摸出頭緒不可。

至於時間成本？他常說：「值得啦」，而我總覺得不值。

他認為：「完美不可得，每天往完美前進一點點。」但這正是我缺少的態度與精神，我總是略懂略懂，配上一個有些完全不懂、有些非常懂的合作夥伴，於是天雷勾動地火，雙方默契與合作能量總是冰火五重天，爽感爆表。

我是廣而靈活，他是深而專注。

我常勸他：「放輕鬆」，他總是「練到死」，於是「練到死，輕鬆打」成為我們的六字箴言，大家或許會覺得，啊，那我寫這一篇是在對他歌功頌德嗎？還是要討他歡心，拍他馬屁？

完全不是，以我跟他的默契，都在欣賞對方優點，幹譙對方缺點，那我寫這一篇是要幹嘛？

我想說：「熱情的來源」，就是你值得投入的事物。

比方說，福哥研究咖啡都不會累，我一下子就累了；

我研究社群經營都不會累，他卻頻頻瞌睡，看懂了嗎？我們都有一些投入以後不會感到累的事物，你也有嗎？而這些事物一開始我們也不知道自己會有興趣，也是有了四成左右的喜好後，慢慢投入時間與精力，等到真正投入探索之後才彷彿著了魔似的瘋狂投入。「他人笑我太瘋癲，我笑他人看不穿」，這是周星馳在《唐伯虎點秋香》電影中的著名台詞，也是我在頻頻會心微笑好幾回後，再瘋狂大笑的說：「周星馳真懂我！」

先求有，大約就是要有四成左右的喜好與投入程度；再求好，大約就是六成到八成的學習程度，至於要不要求大？那就每個人對於「大」這個字的定義了。

有人定義的「大」是成功（這兩字也很抽象）；有人定義的「大」是賺大錢，有人定義的「大」是規模最大，有人定義的「大」是知名度最高，而我定義的「大」是「小池塘裡當大魚」的大。

這不是鴕鳥心態，因為你不知道自己可以有多好，**所謂的「大」是當下的狀態，它不是一種自我感覺良好的想法，而是一種心靈的平靜與自由，無拘無束的爽感。**

既然「好」的標準很難定義，「大」的標準更是霧裡看花，那何不先求「有」呢？

　　大量去嘗試，找到一兩樣自己有熱情的事物，或許下一個在某個領域「好」與「大」的人就是你了。這世界上沒有最好與最大，這兩者都是當下的狀態，更是相對的結果，我們追求的都是「更好」與「更大」，是吧？

　　我認為「勇敢嘗試」是最棒的人格特質，尤其是當今快速變遷的網路社會。做不好會失敗，那就再改、再修正，總比天天抱怨東、抱怨西好多了！

05 有時放棄才是另一個開始

2016 年中，結束「憲場觀點」的網路影音節目，把我一手催生半年的節目停掉，放棄的勇氣，比起我爭取它的時候，多出許多。

一開始，對於網路世代的影音需求大增，看到的迫切與趨勢，很想立即採取行動，但這世界正是如此，你想要的時候，苦無機會，你不想要的時候，機會就來了。

先提提早一點的事。

2013 年底因為密集上了「TVBS 2100 全民開講」與「黑白相對論」兩個節目，讓我在朋友圈當中，引起不小的話題。起初對自己在鏡頭前的表現不太有信心，不過我畢竟是拿麥克風的料，對於這種面對鏡頭，而不是面對人群的說話機會，倒也信手捻來。

幾次下來，電視台與企製窗口都詢問我是否有意願繼續前來？我只回：「談職場與就業機會的可以找我，談政治的千萬不要找我。」大家有了默契之後，合作了幾次，效果都還不錯。

於是我有了朝電視節目發展的念頭，我可以放棄現在的大好江山。

朋友們都勸我：「電視節目不是**趨勢**啦，網路節目才是**趨勢**，你可以試試往網路影音節目發展。」

「連個節目都沒有，還挑！」我心裡想。

於是好幾個朋友好心介紹我三立與年代，也都跟主事者見面了，機會總是無疾而終，我心裡面直搖頭：「是我表現太差，還是我真的不適合？」

用我的話來說：**「天下沒有懷才不遇的事，先做好自己就對了」**，幾個月後，就出現了「憲場觀點」這個影音節目的新機會。

很謝謝世紀智庫（大大學院）給我機會，更謝謝許景泰團隊的專業支持，在初期缺少資源的情況之下，一口氣就支撐了半年共二十三集，我也很佩服自己在 2015 年下半年爆忙的情況下，一周不僅有六篇文字專欄，還要錄四集廣播、上平均每月八十幾小時的訓練課程，最後竟然一個月還可以錄四集的影音節目。

這樣的大好良機，瀏覽量也還不錯，為何我最終還是選擇放棄呢？

這麼說好了，我當時決定錄這個節目大約也只有四成的把握，選擇放棄這節目會不會錯過良機的疑慮，也只有四成而已，我也不知道這樣做到底對不對？！

時常在錄節目的時候，我只有一種感覺：「我到底在幹嘛？」想要流量？知名度？轉換成課程的機會？賣自己的書？提升影響力？好像都不是啊，那我到底在做什麼？

有參加現場錄影的朋友都知道，每次七到十五分鐘的節目我都是一鏡到底，中間一次 NG 都沒有，或許你不相信，不過我說的都是真的。四次現場錄影共計有一百多位朋友參與過，他們可以作證。

甚至更神奇的是，每回我預計要錄五集，我都會現場讓現場朋友指定題目，再多錄一集。這樣我都可以鬆鬆自在，游刃有餘的錄影了，直到錄到了最後一集，我才終於找到了心中正在尋找的那個答案：「我的天賦就在這裡，為何被限縮在這裡？企業內訓教室不是我要的，影音節目看似也可以更好，我決定走向更大更廣的舞台。」

我真覺得錄影不難，嘴巴在講，心裡卻時常犯嘀咕：「我幹嘛要錄？」年底的存檔播完，我就喊停了。總覺得自己錄影很輕鬆，不會花多少時間，但我真的找不到我為什麼要錄這節目的理由，加上影音節目不像企業訓練課堂可以跟學員

互動，也不像廣播節目那樣的神祕，當承辦人小美問我接下去意願的時候，我回答：「停了吧！」

掛完電話，我真的好難過，特別是終結自己一手拉拔大的節目。

難過一天之後，心情就舒坦多了，反正我問了自己很多次，不斷傾聽自己的聲音。**想做，就去做；不想做，或是找不到去做的理由，我也隨時可以喊停。**要不要很有把握？其實不用，我覺得能按照自己的意志前進，絕對是很幸福的一件事。擁有選擇的權利，真的很幸福。

永遠別說自己別無選擇，不是嗎？

選擇放棄，比選擇本身，更需要勇氣；有勇氣選擇說不的人，才是真正能掌握人生自由意志的人。

後記：本節目在 2016 年底，以現場觀眾互動與來賓座談的新型態，再度跟朋友們見面，仍維持我最喜歡的名稱「憲場觀點」。

06 肯爭取，機會就在那等著你

我也不知哪來的膽，敢跟城邦出版的首席執行長何飛鵬一起直播。

有天剛下課回家，看見在城邦第一事業群任職的總經理黃淑貞的 Po 文，點進去看了一下，發現是她與何先生的新書對談。我對人稱「何社」的他願意開直播的嘗試，讚嘆不已。其實前輩如他，大可不必做這些，不過換個角度來說，這何嘗不是本書最佳的案例呢？

他的《自慢 10》，我相信無須直播也能有好成績，但近距離與網路上的粉絲對談，的確是網路社群趨勢與極佳行銷手法，我壓根覺得這一定是經過縝密計畫後的實驗行為，我非常能夠認同。

當晚我的很多朋友都分享這則直播影片。

於是我敲了一個私訊給淑貞：「淑貞，直播很不錯耶，下一次是什麼時候呢？」

「本周五中午。」

　　我看了一下行事曆，當天我剛好有空，不過我必須專程從中壢過去，本想打消這念頭，想了一下，如果可以跟何社一起直播也很不賴，更是一個難忘的經驗。

　　「淑貞，我可以幫忙主持第四集直播活動嗎？」我向她毛遂自薦，但我也有被打槍的準備。

　　「好啊，好啊，你是說真的嗎？」

　　「當然是真的阿。」

　　「那我跟社長討論一下，再回覆你喔。」

　　直播前兩天的「憲福年度感恩餐會」，我遇見了何社與淑貞，特別當面感謝兩位給我機會，並表達是否可利用短短五分鐘，先行確認當天直播流程與注意事項的可能性。我們很快聊了一下，三人的共識已十分清楚。

　　離開餐廳的時候，其實我也沒把握能夠主持好這場直播，畢竟是我與何社的第一次，許多默契都應該要培養，不過直播論壇正是如此，只要雙方有合作意願即可，一方有專業，一方有靈機應變與控制場面的能力，一切應該不難。

　　其實主持人的首要工作，就是「烘托當事人」。何社很貼心的選了我最擅長的業務行銷當作討論主題，我回到家，

只花了二十分鐘就把四篇文章看完，後續還重新閱讀三遍，確保我的認知與社長的認知，不致有任何歧異。

當天的直播討論真的很有趣，更有趣的是我們的午餐是：肯德基炸雞餐。

「社長可以吃炸雞喔？」

「為何不能？」

我們三人在淑貞的辦公室，吃完炸雞後直接上陣直播。

當天一共有五台手機聯合直播，看習慣這大陣仗後，我倒是可以輕鬆應對，我只怕何社很緊張，結果跟我想得恰恰相反。他老人家一派輕鬆，不愧是看過大風浪的人，跟我的對答流暢，拋接得宜，40 分鐘的談話與問答，很快就過了。

直播結束後我鬆了一口氣，由於我還有其他的出版合約要談，社長很客氣的送我到電梯口，目送我離開，讓我受寵若驚，這一天的經驗真是美妙。

回到家後，我總覺得今天像是做夢，回顧這次直播出擊，我濃縮三個結論跟大家分享：

1. 自己一定要擁有獨特專業。

2. 這專業能被他人需要。

3. 一定要勇敢去敲老闆的門。

我覺得這過程很不可思議，但我最後還是敲門做到了。
你有想做的事，卻還沒有勇氣開口去做的嗎？

07 選擇與評估風險的智慧

一年的機會成本，值多少錢？對於 40 歲的人而言？對於 50 歲的人而言呢？

我有兩個朋友，以下這兩個例子都跟大陸就業市場有關。

Jack 在台商某大集團工作，從台灣調往大陸，從原先的業務經管工作，因為獲得大老闆的極度賞識，調往一級戰區：江蘇，負責某個 BU 的內部協調與業務專案工作。

剛調任之前，我們在南京的訓練課程中很有話聊，於是他約了我在下課後，在南京大街上的日本料理店小聊一下，十二月的夜晚，異鄉的溫度顯得格外的冷。

Jack：「憲哥，你覺得我該不該過去？」

「你有說 No 的權利嗎？」

「沒有。」

「那就對啦，你幹嘛問我？」

Jack：「我看你對產業分析與職場觀察很透析，說說意

見啦，我請你喝一杯清酒。」

我：「聽實話？還是好話？」

「說實話啦。」

「我不建議你去，道理很簡單，我常提的攀岩理論，『三點不動，一點動』，你這次轉職，公司沒變，這個很好，但其他三點全變了。上班地點從台灣換到江蘇，工作從幕僚換到前線，型態從出點子不用負責的經管，換到與 BU 各山頭協調的工作，再加上你不是 EE（電子、電機相關科系）背景，又是一個空降的人，雖然我很鼓勵跳脫舒適圈，但你這不是跳脫舒適圈，你這是跳火坑。」

Jack：「憲哥，那你覺得這對我的履歷表有沒有幫助？」

「你幾歲？」

「小憲哥六歲。」

我：「值得一搏。」

Jack 去了，一年後在 LINE 上聽說他要離職的消息，簡單一句話：「各山頭容不下不是自己的人出面協調內部事宜，Jack 成為新專案的犧牲者。」

另一個例子是好友宏哥，他年近 50，置產都在台灣，前一年結束十年的大陸工作，從上海返回台灣，從科技業轉往生活產業發展，畢業後都在科技業的他，很想挑戰生活產業的新**趨勢**與型態。

以前他的語言都是交期、良率、規格，現在的語言**變成**找地、創意、O2O，工作變了，生活也變了，我常告訴他：「選擇工作，就是選擇一種生活方式。」其實這道理一點也沒錯。

從來沒有離開科技業的他，這回的**轉換**是很大的挑戰，無論生活方式、與人相處的模式、營業規模，甚至談論的話題都差異很大，簡單說，要從左腦的科技腦、邏輯腦，**轉換**至右腦的藝術腦、人文腦，有時他三更半夜來找我喝茶，連我都發現他改變很大。

空降部隊，對一位年近 50 的高階主管來說，從經驗來看就是優勢，從年紀來看就是劣勢，阿宏就遇到了這個問題。

我很常問阿宏的問題是：經驗是優勢，但問題是二十五年的科技業經驗，其中包含十年的大陸經驗，在以服務業為主的生活產業，還會是優勢嗎？其實我也不知道。

轉職的過程，往往找尋的不是專業知識或是經驗，而是將專業知識與經驗萃取出來的專業能力。舉凡談判能力、

簡報能力、人際關係、溝通技巧、領導能力、問題分析能力……，這些都會比「二十五年的科技業經驗」更值錢。

阿宏從大陸返回台灣生活產業工作的一年中，我看到了他的不快樂、綁手綁腳、施展不開的抱負，很為他心疼，年底辭去高階工作，再度回到他最愛的大陸科技業服務，這一趟的轉職經驗，留下一年的勞保記錄，以及一些不愉快的回憶，當然，也有學到一些東西。

總結以上兩個故事，我想告訴大家：選 A 還是 B ？這一定就是很難選才會糾結，我通常建議大家從機會成本的角度來看，即選 A、未選 B 所造成的損失，經濟學統稱為「機會成本」。無論離職與否，除非新的機會有很大的獲利，或是原職位會有很大的損失，否則都是一個頭痛的抉擇，此時我會建議大家，從你目前的年紀來看，也就是加上一個時間的變數一起考量。

離職去新職位歷練，好歹要待個一兩年才能判斷這職位是否真的適合你，然而對於 25 歲的小夥子而言，兩年可以賭，對於 40 或是 50 歲的中年人來說，機會成本肯定太高。

判斷你手上的籌碼，加上變化的程度，就知道你要費多少力氣了。以上兩個例子的變換程度都大，加上原職位待的時間太久，會導致一個人的彈性變小，對於適應任何新環境

都會產生「些許不適應」的窘境。

　　所以啦，你的人生注定走上「漂泊中求穩定」或「穩定中求變化」的其中一條路，在來回擺盪間，變動越大，失敗的機率就越高。必須要逐步調整，才容易得到邁向稍高的成功機率，但損失的卻是大賭注帶來的高快感與高報酬。

　　人生，真的是一連串選擇下的綜合結果呀！

08 老司機，就像老媽媽

我媽過世得早，沒有享受到她美好的人生，更沒看到我的美好人生。

母親過世一年後，我離職創業，十七年來，由於我的工作是兩岸飛，南北跑，待在交通工具上的時間很長，尤其是飛機、高鐵、汽車，除去前兩樣沒有固定駕駛，加上我 80% 的課程都在雙北地區，每天接送我來往中壢到台北的司機，就是我的重要夥伴。

2006~2013 這八年，主要是王姊、陳大哥、嚴大哥、王大哥在幫忙我，特別是王姊，女中豪傑，開車飛快，幫我盡量趕場，印象中她接送的日子，很少遲到，加上她獨有的女性溫暖，幫了我很多忙，尤其創業初期，課程量很大的階段，連我家的警衛大哥都認識她。

她跟嚴大哥是夫妻檔，寶貝千金結婚的時候我也受邀去參加，還請我上台給新人祝福講話，這是我這輩子第一次以長輩身分，在新婚典禮上致詞。

很新鮮的經驗。

2009~2019 這十一年，就是王孔餘大哥從間接、順便幫忙我五年，到專門接送我六年。王大哥大我十歲，家住中壢，每天從中壢到台北開他的 55688 台灣大車隊新車做生意，但是從中壢到台北幾乎都是空車去，空車回，雖然在台北可以賺比較多錢，但是這兩趟的空車，說實在有些可惜。

直到他遇到我。

他很客氣，話不多，每天都很準時到我家樓下接我，雖然他不太擅長趕場，但開車很穩定，至少不會讓我擔心安全問題。

每天早上他還會幫我準備早餐、咖啡，就像媽媽一樣照顧孩子，他怕我吃膩，早餐大約有四、五家選擇，不時更換；而在網路不盛行的年代，我每天早上還有《蘋果日報》可看。在他送我到教室後，我走出車外，大約會等我十秒才開車離開，就怕我忘了什麼東西在車上。

有一回，我上樓後發現走錯教室，應該在另外一棟，馬上請他繞回來，他也能幫忙我，是一位很貼心的老司機。

回程也會準備輕食加上果汁、豆漿、礦泉水給我，他明明知道我會一路睡回中壢，這些東西還是有，我可以很安心的睡回家，很多人都不知道，我不會花時間趕車、開車，寧

可請司機接送幫忙，傍晚睡個三十分鐘，晚上的體力可以好到再寫一篇專欄、構思一集廣播、準備一堂課程、回饋幾則學員的作業錄音檔，睡眠與休息對我而言太重要了，尤其是像我們這種一天要講七小時課程的人，能幫我們維持體力的人與方法，都是救命恩人。

王大哥不擅長衝鋒陷陣的趕場，尤其在國道奔馳、飛快地開車會有危險，我後來也想開了，與其要他拚命幫我開道趕場，不如先保住這條命，他接送我的這十一年，一共遲到過六次，都是因為國道狀況，不是他遲到，也不是我睡過頭。

其中兩次發生在內湖金控，約遲了十五分鐘，兩次發生在 2019 年的松菸課程，都延遲接近半小時。

我對遲到的想法很簡單，先向主辦單位致歉，確認可能遲到機率有 50% 以上時，9 點的課，提前在 8:20 就會通知現場助理，先行告知窗口，讓他們有心理準備，一到教室，設備裝好，先向大家致歉，再主動請大家喝下午茶當作補償，一來化解尷尬，一來主動致歉表達善意。而這個靈感是他給我的。

這件事我印象很清晰。

有一回到了台北已經 9:08，我已經心急如焚，電腦都已

經打開，心想一進教室就可接上電腦，正當我要衝出車的時候，王大哥回頭跟我說了一句：「憲哥，歹勢啦，耽誤到你的時間，甲歹勢。」

我：「塞車又不是你造成的，不用歹勢啦。」

王：「歹勢啦，歹勢啦！」

我上樓搭電梯時想：「塞車、遲到又不是你造成的，幹嘛歹勢？」

我心裡本來對遲到有些不悅，被這一句歹勢，反而換成我很歹勢了。

明明不是他的錯，先示弱，先表達歉意，後頭會發生的不悅、埋怨早就煙消雲散。後來我也跟學生說歹勢啦，學生也問我：「塞車不是您造成的，更何況 9:08 分還有四位學員還沒到，大家還可以喝口水，9:15 再來上課也不遲。」

我最後決定中午就休息 45 分鐘，一樣 17:00 可以下課，下午請大家喝茶或是喝咖啡，本來的尷尬與困窘就此化解。這是一次王大哥教我的道歉課。

這堂道歉課，我的五個學習：

1. 適度示弱，有助於化解尷尬與困窘。

2. 人生不用什麼都贏，沒這麼多可以贏的。

3. 遲到就先道歉，不要強辯。

4. 要力求準時，絕不能遲到，但要給自己一點犯錯空間，適度放過自己。

5. 2,400 場，遲到六場，是可以接受的錯誤率，我根本做不到完美與一致。

2019 年 3 月某次遲到，我們在下泰山下坡即將切入五股交流道的同時，被後方車輛追撞，塞車已經夠倒楣了，還被追撞，還好我有繫上安全帶，人沒事，倒是吃到一半的漢堡飛到前座，我們下車查看，車受到損傷，撞我們的司機連忙致歉，後面已經塞了一堆車，在國道及大流量的上午 8:30，我其實有些緊張。

撥了通電話跟值課助理報備可能會遲到近一小時，也請她先跟窗口與學員致歉，隨後我們兩個先不管國道警察來了沒，拚命在國道路肩揮手，看看有沒有小黃會停下來？

我的運氣很好，一分鐘，真的就只有一分鐘，一部嶄新的車輛打了右轉燈號切向右邊，我立馬奔上車，回頭跟王大哥講：「今天的車資我再給你。」

「免啦！又沒把你載到教室！」

這是一場驚魂記，我一輩子記得我人生第一次，希望也是唯一一次在國道攔計程車。

老司機，就像老媽媽，很有安心感。

老司機，就是我企業訓練成功很重要的槓桿，他讓我沒有後顧之憂。

憲場觀點

· 對的時間，做對的事，而且一定要被看見。
· 天下沒有懷才不遇的事，先做好自己就對了。
· 你的人生只要開始行動，就只剩下兩件事：「目標」、「達成目標的方法」而已了。
· 一定要勇敢去敲老闆的門。
· 判斷你手上的籌碼，加上變化的程度，就知道你要費多少力氣了。

Part 5 │ 面對改變時機，抓住了就成

夠認識自己，比什麼都重要。

01 事出必有因，當 Trigger 出現時

你相信命運嗎？

與其面對未知、無法捉摸的未來與玄學，我們不如談談可預測或是更科學化的方法，我稱之為「triggers」。

這個字用中文詮釋就是：板機、觸發、啟動裝置的意思，用我的觀點翻譯就是：**事出必有因**。

我舉幾個例子跟大家說明：

我要離開外商之前，出現兩個 triggers：母親辭世、申請亞洲更高職位未果。

我走向講師之路前遇見兩個 triggers：業績始終可以達標、講課意外獲得好評。

我放棄大陸市場前出現兩個 triggers：三度在大陸受傷、台灣的各項事業忙碌到勢必要做出選擇。

我出書前也遇見幾個 triggers：2008 年想出書，積極嘗試卻沒機會，之後遇見何社，發現我有跟《祕密》這本書不一樣的想法，即使文筆不好但故事很好……等等。

我要走廣播之路前的 triggers：先在 IC 之音遇見樂倫與郭台長、講師事業遇見轉折、希望自己授課以外的空檔時間，能有維持人生樂趣與持續紀律的另一件事。

創業的 triggers 就更多了，這本書有好幾篇都在說這些經歷。

綜觀以上，其實你會面臨改變的契機，事前都會遇到一些事，只是你自知，或不自知罷了。

我幫大家整理，面對改變、賭注、選擇時，你會遇到的 trigger 類型，我稱之為「三不四人」：

1. 不舒服：壓力越來越大、變化帶來不舒適，環境帶來不習慣等。

2. 不甘於：在同樣的環境習慣過後，因為老是做同一件事，自覺不甘於此。

3. 不能停：由於一直處在過度的忙碌中，當失去自己的時間，就會逼你好好省思人生。

4. 人背叛：男友劈腿，女友兵變，好友背叛，合夥人捲款，兄弟不挺你……等等。

5. 人出現：出現一個和以往不一樣的人，看似危機，卻

直覺就是他。

6. 人離開：遇到家人或是朋友辭世、最喜歡的同事離職，大概都是屬於這一類。

7. 人不理：原本大受歡迎的人，突然成為四處碰壁者，此時，潛在機會就出現。

然而以上出現 triggers 的大好時機背後，有一個最大的敵人就是：溫水煮青蛙。

這讓我想起一則寓言故事：

一艘即將沈船的小艇，上帝派了另一艘小船出手相救，小艇上的人說：「這不是上帝。」

於是，上帝丟了數個泳圈在沉船的周圍，小艇上的人又說：「上帝不是長這樣的。」

最後，上帝派了直升機救援，小艇上的人回答：「上帝一定有更好的方法出現。」

於是，小艇沉了。

這個寓言故事雖然有些白痴，不過寓意蠻深的。

人就是這樣，溫水煮青蛙，一旦環境適應且堅信不移時，

對外在環境的提醒即毫無所動，直到遭遇變故或為時已晚時，才來懊悔不已，甚或是更激進的抱怨國家社會的不公不義，成為社會上拖累進步的另一股強大勢力。

　　我才會說台灣不缺抱怨的人，缺捲起袖子做事的人。國家社會如此，個人亦是如此。你可能會發現，成功者，會越來越成功，好像做什麼事都容易成功，於是越來越富有、職位越來越高、影響力越來越大；此時此刻，他無論選擇何種事物的挑戰成功機率都大增。反之，一兩次失敗，或是越不敢面對挑戰與變局，就會越生膽怯，就算有好的機會給他，他也不敢要，不敢取。

　　用心察覺環境改變，用心觀察周遭事物，仔細聆聽內在聲音，面對每個迎面挑戰，眼前看似壞事，將人生放長遠來看，都會是你的好事。

　　上頭講的「三不四人」，會發現其實這類事件都是為了激發你的潛力，而你的內在潛力，也會因為環境越形舒適，越來越隱藏。生於憂患死於安樂的道理，你不會不知，但人一旦面對決策時，都會讓自己選擇最舒服、變動最小、最沒風險的事來做，如此時間一久，根本搞不出名堂。

　　只要你願意關注以下三個階段，或許你的潛能也很容易被激發出來：

當 Trigger 出現時

Trigger → 面對改變時機

不敢行動,停在原地,你的人生不會有什麼不同

40% 把握嘗試

好結果,脫離困境,發揮潛能

壞結果,找到失敗原因,避免再犯

上圖的關鍵,大家僅會看到面對改變時機,往往忽略前面的觸發點,只要掌握觸發點,你可以提早因應,成功機率與把握度,會從四成大幅提升至五到六成,雖然仍有風險,但至少你不會如此膽怯,會有更好的把握,迎向更大的挑戰。

02 別傻了，這年頭沒有懷才不遇這件事

這世界上沒有懷才不遇這件事，尤其是這年頭，這句話至少點出兩個問題與迷思：

1. 你懷的才，真的是才嗎？

2. 不遇？怎麼會不遇？你住哪裡，是網路到不了的地方？還是期許自己是被劉備三顧茅廬的諸葛亮？

你的年輕歲月到底拿來幹嘛？每天在臉書上抱怨取暖？天天靠北刷存在感？還是利用酸言酸語讓自己變得更甜？

十年前在商周的前幾篇專欄算是讓我嘗到走紅的滋味，也飽嘗被人攻擊，被亂箭穿心的恐怖滋味。老實說，我沒料想自己會變成這樣，更不喜歡這樣的生活，我只是想好好寫文章，分享自己的觀點，根本不想會不會紅這件事，但網路世界跟我想像的大相逕庭。

其中我過去的某位朋友在網路上大肆攻擊我，說我「對年輕人薄情寡義，對台灣沒有信心的話，就到對岸去抱大腿，簡直就是出賣國家……OOXX。」一扯到這議題真讓人發火，我本不以為意，隨後引發的話題延燒就讓我措手不及，雖然

一度想辭寫專欄，最後在編輯與朋友的溫情喊話之後，我不僅信心大增，更是晉升成銅牆鐵壁的鋼鐵人，心想：就做我眼前該做的事吧。

談談這位朋友。

我旁敲側擊找到了我們之間共同的一位朋友，把網路截圖給他看，他第一句話就跟我說：「你不要管他啦，他懷才不遇啦。」

「懷才不遇？」真的假的，他不是混得好好的嗎？

朋友說：「兩年前他被公司資遣，對公司懷恨在心，尤其是對執行長。之後，他就沒有再站起來了，他還活在過去啦。」這～跟我認識的他差異很大，以前的他不是這樣的。

不過，或許他真的活在過去。我再探詢幾位朋友後，發現他對於公司意外資遣十分不諒解，加上過去的功勳彪炳，想都想不到他會是被公司放棄的人。不過相較於當批被資遣的其他員工來說，他算是唯一還活在谷底的人。

其他幾位朋友不是自己去開店，就是另謀出路，沒有人像他低潮這麼久的，這段時間的義憤填膺，都轉到網路上發洩。一下子看不慣總統，一下子看不慣某位名嘴，一下子又批評前公司，三不五時又批評一下國內政局，總之有批評不

完的東西，但結果都只有一個：就是他還在低潮。

　　我真正想說的是：**過去不等於未來**。在網路世代以前，跟神一樣的人，只要遵循以往的作業方式，不至於太差；網路世代來臨以後，所有的資訊唾手可得，若沒辦法將資訊轉化為知識或是經驗，被時代淘汰也是遲早的事，不如**專注當下，放眼未來，忘掉過去**。

　　大家或許在《行動的力量》一書中讀過我學英文的故事，這就是一個很明顯的例子。我要是沉浸在過去信義房屋的「信義君子」、「全國十大仲介經紀人」、「六個月把 MMA 搞得有聲有色」這類光環上，這樣進入外商的我死得很難看也是正常的。若沒察覺英文是我的死穴，必須正眼面對挑戰，我只要在外商提早放棄、棄械投降，後面十五年的人生可能就天差地遠了。

　　還好我面對困境一向是正面迎戰，這段故事也被許多人拿做砥礪自己學好英文的勵志篇章。我只是想告訴大家：**網路世界的變化是必然現象，天下沒有誰對誰錯，更沒有懷才不遇這件事，只要是才都會被遇，沒被遇的都不是才，耐得住性子，讓自己被遇吧！**

　　最後，如果你確定自己真有才，要被遇的方法很簡單：強迫自己多接觸人群，讓自己多從線上行為轉到線下實體接

觸，我認爲是網路時代很棒的方法，千萬不要只躲在電腦後面，這不會讓你變得更好。

網路雖是馬路，但要前往目的地還是需要開車，開車出門的行爲，才是與人接觸的實際之道。網路雖帶來便捷，但無法徹底取代人的感官與洞察，我們可以在網路上買衣服買電腦，卻很難買到人與人間的信任與眞誠，而信任與眞誠，正是懷才者被遇的重要關鍵。

如果你跟我一樣，想要享受線上轉到線下的實際體驗，不用考慮太多，先衝出去再說。人類的五感體驗：看到、聽到、聞到、嚐到、碰觸到的絕妙人生經歷，是網路很難給你的。

不要躲在網路後面罵我，我感受不到。

03 知道自己要什麼，比任何事都重要

不知道你有沒有遇過他人問你問題時，心中早已有答案？

或是他問你問題時，你明知道他想聽的是 A，而你心裡卻覺得 B 才是對他最好的？

又或是無論你說 A 與 B 答案，但他心中根本一點也沒有想 A 與 B，壓根覺得自己的 C 最好？我不喜歡勸說他人，尤其是十分猶豫的人。

我投資的「夢想三十八」餐廳開幕以後，時常有認識的、不太認識的朋友會約我，一來他們覺得這是我的主場，二來他們很容易因為餐廳是憲哥的，所以憲哥一定會答應我的飯局邀約。初期，我的確吃了很多次飯，後來我發現，大多都談與夢想及創業有關的話題。

最常問我的問題，排行榜第一名：「憲哥，我該不該離職去當講師？我想去闖一闖，您認為如何？」

我和顏悅色的回答著他們的問題，一面微笑，一面疑惑，心裡不時想著：「有完沒完阿，想，就來試試看啊，去做，

就知道自己可不可以了。」

又或是創業投資，該不該？可不可以？好不好？適不適合？我不是沒耐心，而是覺得跟我談話的人，一點都不認識自己，念了這麼多書，人生選擇卻一竅不通。

對於改變現狀，人人都想，問題是：「你自己怎麼想？」尤其每年一到跨年以後，想一圓大夢的人突然變多，到年底時，繼續許下人生夢想的人，一樣沒少過，但成功者，卻少之又少。

我承認我很容易看出別人的問題，但有些話真的不能全盤托出，還得練習說假話。我還有些朋友是說了真話，不僅友誼沒了，飯錢還要你來付。

上面那些該不該創業、該不該離職的問題，我心中當然都有答案，但問題是：「你的答案呢？」

對方常是答案很明確，只是要你背書而已，這種事我覺得很危險，一來這是違背良心的說謊，二來我根本無法對他人的人生負責。

例如：該不該離職？要創業還是留在原地？對方只是要我在天平的任一端多加一顆砝碼，讓某邊成定局，讓某邊死了心。

就算當事人聽了我的建議，真正按照我的答案去做了，但另一邊的砝碼還存在心裡面，最後若是成功還好，若是不成功，那心裡面的砝碼聲音就會不時出現：「早知道不要聽憲哥的，害我現在 OOXX。」

若當事人的決策像是一支箭，已經有了目標，只是需要我幫他加速，那放出箭的那一剎那，已有目標的當事人，只剩下那支箭射向目標的速度快慢、以及方向的調整而已，至少是奮力向前，無後顧之憂的。

當然，也不會事後回頭酸我：「早知道不要叫憲哥來射箭。」

遇到他人的問題，我只想當推手與加速器，我無法成為你心中的砝碼。我無法對你的人生負責，只有你自己可以。

這類諮詢我認為最大的難題就是：「憲哥，如果你是我，你會怎麼做？」

又來了，我就不是你啊？

好吧，我想一下，想成我是你我會怎麼做？結果想得越多，上面的輪迴就會越陷越深，我乾脆告訴你，我決策的幾個邏輯好了，這樣不僅不會得罪人，也才能真正幫到大家。

1. 先確定你自己的目標，我只能幫你加深力道，或是建議你踩煞車。

2. 選哪一個答案，你未來十年會更有利，你就選那個。

3. 若是真的沒有目標，先去問五個你周遭的好朋友、長官、親人、導師，他們如果都說這不能做，這就真的可以做了。

4. 夠認識自己，比什麼都重要。

5. 三點不動、一點動，一次改一點，循序漸進，成功機率較大。

6. 不要跟趨勢對作[3]，但人多的地方要小心。

7. 選哪個答案，會感到比較不舒服，那個應該就對了。

希望大家都能過更好的人生。

3.股市名詞，意即不要和趨勢相反操作。

04 那些落實 PDCA 的夥伴

我身邊有幾位學員，每次我問他們想不想跟憲哥去企業內訓看看？或是問剛出道的新講師，有沒有興趣跟我去企業內訓分享十分鐘小故事，見識一下企業內訓舞台的現實與殘酷？

問的次數一多，就會有兩類結果產生：

第一種：「憲哥，我還沒準備好，怕丟您的臉。」

第二種：「當然好啊。」但我心中的 OS 很常是：他們明明還沒準備好，這樣也敢答應。

通常第一種人我會回他們：「我都不怕，你怕什麼？」

第二種的人則仍存在風險，不過因為我在現場，就算「走鐘」，也應該可以控制。然而，既然我敢約，他們的實力應該都不錯，出錯的機率其實微乎其微。

過了兩年後我發現，那些當初敢答應的人，兩年後實力越來越強，而那些當初想要多準備的人，實力其實也還在原地不動。

小云就是其中落實 PDCA 邁向純熟授課的佼佼者。

幾年前，小云跟我表明她想走職業講師的領域，希望我幫她，她不但有意願，能力也不錯，準備了許久，但就是沒機會。

當時我 Pass 給她一場大學演講的機會，她還送了名貴禮物給我，我特別叮嚀她：「千萬不要買禮物給我，這樣我下次不敢介紹案子給妳，妳給我好好講，讓我在承辦人面前有面子就對了。」

小云：「憲哥，我知道了，沒問題。」

她讓自己在演講前一個月，重複不斷的練習，並且找了很多練習的場合，我常提醒她：「值得做的事，也不一定值得非常認真做，要考慮機會成本。」

她雖然聽進去了，不過準備過程真的讓我很感動。

當天演講很不錯，第一時間該大學承辦人就傳簡訊給我：「謝謝憲哥介紹一位這麼好的講師給我，學生都非常喜歡她，許多學生跟我說，這是他們在大學聽過最棒的外部演講者。」

我回：「那很好，那我以後就不用去了，哈哈！」

隔天，小云竟然傳了一張表格給我，跟我說：「憲哥，

當天演講我很滿意，不過我覺得還有十一件大小事情可以修改……。」

我：「妳瘋了嗎？先喘口氣啦。」

小云：「那個承辦人還說要介紹其他大學給我，不能休息啦。」

於是，她就靠著這種「Plan-Do-Check」的流程，不斷創造下一次的 Action，讓自己 PDCA 流程，重複不停轉動，在大學演講闖出名號。

老實說，大學演講雖然鐘點費不高，但因爲她後來從事企業內訓專攻新人訓練，而負責的 HR 的窗口，幾年前都是她在大學演講時在台下聽講的學生，一聽到小云的名號，幾乎點頭稱是，攻無不克，也因爲如此，她在各大企業的新人訓練上，闖出一番名號。

這是一個 PDCA 的成功案例，我常常拿來跟學員分享，希望大家剛出道不要挑案子，不要嫌持續改進很麻煩，要邁向巔峰，PDCA 絕對是必經流程。

PDCA 與快速決定、火速執行的優點到底爲何？

PDCA 是一套我在還沒念大學就聽過的流程改善方法，

老實說也不是什麼偉大理論，但我從擔任業務、講師、寫書、寫專欄、做廣播，甚至到最後創業的歷程中，都是依賴這樣的方法前進的。

如果你要問我，我覺得我的 D 做得比 P 好，C 做的比 D 好，而 A 又做的比 C 好，正因為這樣的流程改善原則與習慣，讓我在一些事務上，能夠比他人多一點點的成長與進步。

從我的觀點來看，小云最大的優點是她願意舉手說「好」的能力與特質真的很明顯，而我也願意給她機會嘗試，或許就是這樣造就今天她的小小成績。她還希望我不要把她寫得太厲害，她說：「我要持續 PDCA，才能追上憲哥的車尾燈啊！」

快速決定、即知即行的優點到底為何呢？

1. 容易取得先機。

2. 容易得到信任。

3. 提前答應，可以提早布局 PDCA 流程。

4. 快速決定，逼出自己潛力。

5. 逼自己找方法，容易提高生產力。

很多事，不要問可不可以，先問自己敢不敢？想不想要？

05) **PDCA 流程的重大盲點，到底在哪裡？**

　　我有位許久不見的朋友 Ann，應該認識有二十年了，上次見面在咖啡廳，這次也是。兩人再見都多了點滄桑，雖然她明明小我五歲，看起來卻跟我差不多。

　　十七年前我離開前公司的時候，她是我隔壁部門的同事，跟老公結婚後出來創業，開了間公關公司，專門接手大企業的公關與媒體活動，我看她的臉書時常有跟藝人合作的機會，非常羨慕。

　　Ann 的老公是位藝術家，常遊走世界各國收集許多靈感，一下開畫展，一下開攝影展，三不五時還會辦演講分享會，夫妻的閒情逸致，的確羨煞不少人。

　　幾年前，夫妻開始計畫投資餐廳時，我們有通過電話，印象中依稀記得我說了：「你們夫妻有誰懂餐廳經營嗎？」

　　Ann：「沒有耶，不過我們做好萬全準備了，資金、店址、廚師、行銷、店長、獲利模式、營運方法都想過了。」

　　「喔，那不錯耶，加油喔，開幕的時候，記得通知一下，我會送花籃喔。」

花籃也送了，餐廳也開了，不過也在一年半後就關了。

這次見面就在聊幾年前，餐廳關門的事。

Ann：「開餐廳比想像中複雜，毛利不易拉高，店長跟廚師都會拿翹，餐點變化要與時俱進，加上樓上住戶偶而會舉發太吵之類的麻煩事，我們在一年半就關門大吉，認賠殺出了。」

「你們在過程中，不是會一直檢討改進嗎？」

「我老公也不懂管理，PDCA 流程也不熟，員工管理也不懂，財報分析也不會，講難聽一點，現金流也不知道掌控，現金燒完，店就要倒了。」

「我們計畫是做得不錯，也大膽敢衝，就是缺少 Check 的流程，直接變成執行的 Action，結果加速滅亡啦，當時最後一把現金不要再挹注下去的話，我們就不會這麼慘了。」

Ann 繼續說著，好似很想把她這幾年遇到的事都跟我說。

「我老公天天想著辦活動、辦演講、掛哪一幅畫、掛哪一禎照片？根本沒在想經營模式，憲哥，還是您們比較厲害，點子多，生意頭腦好，光是一個慢收快付（財務語言：收錢太慢、付錢太快），就讓我們下十八層地獄了，雖然餐廳都

收現金，但貨款他也付現金，一下就 GG 啦！」

我其實很想笑，但我真的不敢，這真的是一個很棒的企業經營實務也是本書提到的重要觀念，這裡先提一下這個公式，下一章會講得更清楚：

$$（A+B+C）X=P$$

若餐廳經營成功是 P，ABC 是諸多變數，然而 X 正是流程中的檢核點 Check 沒做好，導致雖然 ABC 不賴，X 變小，P 也不會變大的例子。

用一句我常提的俗話：**錯誤的觀念 + 完美的準備 + 瘋狂的執行 = 萬劫不復的深淵**。

「錯誤的觀念」就好比 PDCA 流程中的檢核點，衝衝衝是不能解決問題的，「莽撞」，更是萬劫不復深淵的前兆，若不知設下檢核點，隨時檢查，很容易因為流程拉長，進入萬劫不復的深淵，時間一長，就很難救回來了。

上面這例子，跟我 2017 年帶團去韓國看「世界棒球經典賽」中華隊的例子一樣。我們姑且不論棒協、中職、樂天、棒球環境與體質……等問題，用上述公式再解釋一次。

若 X 是晉級複賽的目標，ABC 是各項資源，然而關鍵的 X 就是「**」，猜得出來是什麼嗎？

對了沒錯，正是「投手」。

在投手資源不足的情況下，出發之前大概就可以猜出這結果了，中華隊兵敗首爾真的不意外，要能有出其不意的好成績，機率實在不高。但我在現場觀看三場比賽的想法是：中華隊真的打得很好，對於我能在現場觀看國家隊三場精彩的比賽，真的很光榮。看這三場，勝過我過去看的三十年球賽。

尤其是對上荷蘭與韓國這兩場，氣勢、拚戰精神、打擊、調度，真的都不差。

不過在台灣如此在意勝敗的環境下，我只能說：「中華隊辛苦了。」落實 PDCA 流程，善加設置檢核點，我們才有可能在下一屆重振威風的，尤其是關鍵的投手戰力，我們有四年時間佈局，不要等到最後一年，才在喊沒有好投手。

中華隊加油，我這輩子也想見證台灣棒球邁向世界巔峰的歷史一刻。

憲哥 PDCA 改良版

	戴明博士 （William Edwards Deming）	憲哥的詮釋
P **Plan 規劃**	目標預測與訂定，計畫研擬，組織分工與確定相關作業程序。	40% 的準備即可先衝了再說。
D **Do 執行**	作業執行與實施，收集執行程序中的相關訊息，為下一步的修正與改善提供重要參考依據。	進行小實驗、樣本測試，邊做邊改很重要。
C **Check 檢核**	與預期計畫進行比較，並提出修正方案，提供下一步行動的重要參考數據。	反覆不停思考進步動能，並且經由小實驗所收集的經驗值進行下一步的行動計畫。
A **Action** **行動**	作業單位間的協調，改善對策擬定，改善行動方案，縮減目標與執行間的落差。	養成習慣並持續改進——《行動的力量》。

06 用行動力改善家庭生活品質

十月底的台灣，還是一樣的熱，某天來到新莊，陌生的城市街道，心中卻無比雀躍。這天是我的學員人數達到八萬人的一場演講，雖然心裡早已平常心面對，但卻希望自己有些不同。

這個主題我講了很多遍，特別是在 C 金控那場，自從口碑傳出來之後，後面的每一場，我都格外小心謹慎，而且希望一場比一場更好。

演講結束之後，我收到一封來自 Maggie 的私訊：

「憲哥聽完您的演講，我想做三件事：

1. 每天晚上陪孩子學習一小時。

2. 每天上午提早一小時起床，陪孩子說說話。

3. 無論什麼書，每天閱讀三十分鐘。

21 天之後，我會告訴您我的成果。」

我本來以為這只是一封衝動過後，某場演講學員的來信，後來才發現非同小可，因為我每天都收到一封後續的信，而

且幾乎都附有照片。

就像某一天的私訊內容：

「其實去年我就要求自己開始運動，現在固定週四打羽球，其他時間每天騎 Ubike 回家（民生東路－板橋），下雨天就走路，周日陪女兒一起上跳舞課。」

然後附上一張打羽球的照片。

過幾天又收到一封：「雖然沒收到您的心得贈書有點惋惜。但今天是第十三天，對的事情持續做。」

我此時覺得有些愧疚，心得比賽應該要給她贈書的，當時沒發現她的後勁這麼強。

又像某一天的私訊：

「報告憲哥，過了 21 天，除了每周四晚上因羽球課，無法陪女兒複習功課外，我算是成功堅持了 21 天，其實過程中收穫最多的是自己，對的事情持續做，謝謝您。」

我只覺得 Maggie 好強啊，連我都被振奮到了。

過幾天我收到了一封很長的信，信裡面 Maggie 訴說了從聽我的演講當天到收信當天的心路歷程。我看了這封信，老實說，我很想衝到她面前，謝謝她給了我無比的前進力量。

信的全文如下：（經當事人同意，全文刊登）

在業務單位聽過無數激勵演說，當下的熱情，總是在散會後冷卻下來，回到家，我是個不稱職的媽媽，但我有兩個天使般的女兒。

每晚回到家，她們已在外婆家寫完功課、吃完晚餐，洗澡睡覺也都有規律，每當我在沙發上睡著，她們的「晚安親親」總是喚醒了我，聯絡簿已在桌上，而我的妝，卻還沒卸。

每天早晨，已上國中的寶貝，自己起床、自己吃早餐、自己出門，而我還在睡夢中，她們開了房門跟我道再見，我輕聲回應，然後聽見客廳的門被打開後又關上，不只一次心裡想：我這媽媽也太好當了吧？

一如往常，十月份那晚聽了長官安排的激勵講座，心想又要晚歸了，但我需要被喚醒一直以來的惰性。憲哥開場那慷慨激昂的聲音，我一開始就被震攝住了，心想這傢伙怎麼這麼熱情，那我的熱情呢？

如果每個人的改變都需要一個 trigger，應該就是憲哥，而且就是今天。在心中默默許下三個「必須」「馬上」「當下」要做的改變：

1. 每天早上陪孩子起床吃早餐聽 ICRT

2. 每天晚上陪伴孩子（複習功課）

3. 不論什麼書每天閱讀 30 分鐘

21 天養成習慣 66 天，習慣成自然！

　　我想在這裡跟憲哥報告，我做到了！原來改變並不難，持續做更讓自己得到了更多的回饋！而我的閱讀時間剛好就陪在孩子身邊，孩子看媽媽在看書自然就跟著安靜的複習功課，原本就親密的母女關係，更熟悉更熱絡，意外的兩個女孩跟我袒露了祕密，母女關係的更進階就是閨蜜就是朋友，這讓我倍感幸福！

　　雖然不斷有身邊的朋友提醒我，孩子長大了就會飛了，該為自己好好打算！這點我承認，我也會選擇放手，但在此之前，我所感受的幸福，必定孩子也感同身受，未來有一天她們飛累了，至少還知道有個地方可以停靠，可以養足精神、繼續展翅！

　　更讓人感動的是，不只是我，在那天聽了您的演說以後，我們單位出現了一個「66 天習慣成自然」的 LINE 群組，目前成員有 14 人，大家都在努力持續堅持著！憲哥、謝謝您！ 66 天若達成，我會再來跟您報告！也衷心祝福您順心平安！

Maggie Chen　2016/11/20

　　我猜聽眾、讀者、學員來信時，或許會想：「憲哥根本不會回信吧？」

　　錯了，我每一封都會回信，但真的很少看到這種這麼長的，而且是連續劇般的、有故事劇情的，其實過程中我也跟 Maggie 學到了不少，就像是我一度曾懷疑自己，到底演講、寫書、廣播或影音節目對於大眾的意義是什麼？長時間的課堂教練課程，我很容易掌控學員的進度，而其他陌生朋友呢？

　　其實我鼓勵了大家，這些 Maggie 們也鼓舞了我，我們都在彼此猜測對方會不會有反應、有正面善意的反應、有積極熱情的反應，猜測對方會不會喜歡我的隻字片語，會不會從此石沉大海？而我們卻只需做一件事：著手寫下文字，於是我回信了。

　　於是我們的緣分就展開了，只是對方是女生，我不好開口要見面，就讓這緣分，在臉書私訊上，延續、開花、結果。

　　我很希望我的書、演講、廣播、影音節目，能幫助大家體會一個道理：「**唯有行動，才能值得享受幸福人生。**」

07 重新開機，改變的警示與提醒

本來以為僅是換一位司機而已，沒想到 2019 年 11 月起，我的工作悄悄的產生了些許變化。

我做了七年的廣播，環宇五年，中廣兩年，我打算在年底告一段落，總覺得自己做廣播的進步有限，加上我的工作十分忙碌，就算一周只有一集，我還是很希望跟每一位來賓親自洽談、邀約、設定訪談方向，老實說，看似不花時間，其實還是吃掉一些空檔。

不過廣播最迷人的就是聽眾來信，有時候也沒來由的，在自己很低潮的時候，收到聽眾給你鼓勵，聽眾打哪來的我不曉得，但那種文字的勉勵，很迷人。

但大多時間，廣播就是一個自己很喜歡的工作，說不上有什麼成就感，反而比較像是我跟朋友、作者、名人間的一個談論平台。

在這段期間，我也打算停下企業內訓大部分的工作與邀約，試試看把重心轉往電影或是電視劇的發展，開闢一條不一樣的路，「暗號」就是這樣來的。本以為可以順利進行，

但跨出舒適圈的背後，電影與電視圈要學習的地方太多，多到我痛苦不堪、無法掌控，我能力有限，自認為自己做得不夠好。

商周專欄也打算停掉，寫了七年，該有的榮景我也享受到了，網路興起所帶來的紅利增長，我也享受到了，也靠專欄出了兩本書《職場最重要的小事》、《人生沒有平衡，只有取捨》。

但是慢慢的，流量沒有這麼好，自己要學的東西也太多，職場脫鉤太久，人生進入新階段，索性也決定停掉，手上的三個專欄，最後只留下「遠見華人精英論壇」專欄。

餐廳在 2020 年 1 月底，股東會決議將「夢想三十八」餐廳頂讓，我們的運動餐廳夢，進行曲吹奏了四年八個月，畫下休止符後告終。

我不曉得天文運行是否有邏輯與規律，總之，就在王大哥退休後的一段時間，所有事情都變了，加上新冠肺炎來搗亂，伴隨我的左邊肩膀疼痛不已，差一點舉不起來，所有人生的大小事，導向負面翻轉。

好事接二連三，鳥事也是接二連三。

爸爸在家中跌倒、弟弟緊急做心導管手術，放置支架、

大年初四車子被撞、課程能延的延，不能延的也要延、前一個年度規劃的三個旅行：福岡、釜山盛世公主號遊輪旅行，韓國首爾自由行，港澳旅行全部取消，這下子，哪都不能去，啥事都不能做，人生頓時從雲端，摔了重重一跤。

其實也沒這麼嚴重啦，但就是跟以往忙碌充實的生活，大相逕庭，而且我可能要逐漸適應這種生活，步調緩慢的生活、行程鬆散的生活、很多時間待在家的生活、孩子都大以後的生活。

不瞞大家說，我是一個無神論者，打順手球很習慣，我認為我的人生是靠我這雙手打拚出來的，但那段時間，沒來由的很沮喪，朋友建議我去算命，這個我一輩子絕不可能的選項，在 2019 年 11 月底，我去了。

論命的結果我先不說，光是這個過程，我倒很相信幾件事：

1. 人不要太鐵齒，什麼絕不可能，最後都是有可能。

2. 論命是一種心理戰，搭配一點學理根據。

3. 透過低谷磨練，人才學會了謙卑。

4. 人在低谷無盡等待，比在高峰拚命努力，更值得回味。

5. 我五十歲前常說:「人生不值得打掉重練」,五十歲以後我會說:「人生都要有重新開機的心理準備」。

其實鳥事一次來一堆,這樣也好,乾脆一次處理,病毒一次清理,硬碟 format 後,系統再次更新,零件雖然舊了點,但用起來,應該跟新的一樣。

或許 2020 年之後的新冠肺炎病毒,對很多人來說,都是一次重新開機與迎接改變的新啟程,雖不見得會財富重分配、歸零算,但病毒不認人的情形下,也意味著:「人人都有再起機會」,或許一堆鳥事的我,比起很多人,還是幸福許多,是吧?

我只能這樣安慰自己,不由自主的,又正面了起來!

憲場觀點

· 眼前看似壞事,將人生放長遠來看,都會是你的好事。
· 人脈這東西,刻意經營很糟糕,我也不想要,只要無愧於心就好。
· 三點不動、一點動,一次改一點,循序漸進,成功機率較大。
· 從不想開始到開始,需要很久很久,但從開始到達到、做到,卻只要一下子。
· 逼自己找方法,容易提高生產力。

Part 6 | 想成功，掌握關鍵變數就對了

專業，是取得信任的最佳方式。

01 成功者現象公式

你在努力實現人生的過程中，有時，你只是假裝很努力罷了，沒有掌握關鍵變數，再怎麼努力也沒有用。

> **成功者現象公式**
>
> （A+B+C）X=S

我用上面這公式來說明。

S：成功者現象

也就是你想得到的東西，例如：創業、資金、好女孩、大公司、晉升、成為知名講師或暢銷書作者、有很多被動收入、成為大受歡迎的紅人、學會潛水、減重或是戒菸成功……諸如此類的目標。

A、B、C：成功者的充要特質與條件

亦即達成目標前，所有你必須準備的東西、事物、條件、能力……等。

　　若要讓 S 越大，方法有很多，A、B、C 越大，則 S 會越大，更有效或更實際的方法可能是：當 A、B、C 不變的情況下，只要 X 越大，S 就會越大。

X：成功者的關鍵特質與變數

　　我自己發明的公式，沒什麼道理，我卻用了三十二年，非常適用，而且準確成眞。舉個例子來說，我在寫書的過程，能充分體會這公式帶給我的效應。我的文筆、觀點、對書的行銷概念、職場歷練……可能都是 A、B、C，然而一家眞心爲我的出版社，能夠包裝當時的我，或許條件普通、知名度普通，卻熟知我的強項與故事底蘊，用我擅長的方式行銷，以《行動的力量》一書，成功打開我的市場知名度，造成我的 S 意外的好，歸功於我的 X（出版社）選擇得當。

　　問題是，當時我就只有一家出版社可以選啊？

　　沒錯，正因如此，該出版社找我出書，我應該馬上說好，就算還沒準備好，先說好，後面自然成眞。尤其我的執行力特高，暫時放棄已經成熟的課程時數，我的講課、寫書二刀流隨即成型。

　　再拿專欄作例子，文筆、知名度、市場接受度……都是 A、B、C，我對職場的觀點與長期累積的案例十分充沛，成

為我的關鍵 X，造成市場反應與接受度的結果 S 意外的好。當然選擇好的專欄平台，得到編輯的大力協助，更是我重要的關鍵變數。

廣播的運作道理幾乎如出一轍。

如果各位有發現，就人生經營的角度來看，必須要有一個很重要的 X。如果大家覺得我的 S 到目前為止還不錯的話，我想，很重要的 X 就是「人際關係」了。

為何出版社的編輯特別願意幫我？電台的節目製作特別願意幫我？網站專欄的編輯特別願意幫我？世紀智庫的課程經紀、盟亞合作十年高達 5,546 小時的合作時數，他們為何特別願意幫我？這本書的出版社與編輯為何特別願意幫我？投資餐廳，為何有機會？「憲場觀點」節目主持為何有機會？福哥為何選擇我成為合作夥伴？助理為何能認真打拚，任勞任怨？

上述的問題，我一開始也找不到答案，直到逐漸感覺自己運氣一直比別人好，就開始去思考這個 X 的祕密，我歸納三個重要的結論：

1. 我幫我的合作對象解決他的問題。

2. 設身處地為他人的現況著想。

3. 讓別人有飯吃，你就有飯吃。

人與人之間的緣分很妙，你永遠無法滿足所有人，但有件事是可以確定的：**「站在他人的立場想事情，不要成為萬人迷，要把夥伴先扶起。」** 前提是：他真的是夥伴。

你想像編輯要什麼？廣播製作要什麼？課程經紀要什麼？我的學員要什麼？助理要什麼？……這些問題想完之後，你的角色就被定位完成了。當然要做這些之前，要先成為大海，你要夠豐富，才能做這麼多事。

建立簡單的原則，讓合作夥伴都知道，不要因人設事，以他人的角度出發，時時檢討人生事物並「斷捨離」，是我體會人生衝刺的過程中，最重要的關鍵變數。

幫助他成功，你就會成功；抓大放小，不要想著事事完美，掌握關鍵變數，並且，做個有附加價值的人吧！

02　要衝，得選應該做的事

　　這幾年因為出書、在職場授課，加上持續進行的廣播與職場專欄，我有非常多的年輕讀者與粉絲。在他們的提問中，最常被問到的問題都是：「我該不該換工作？」

　　這問題我實在不敢亂回答，怕講錯會害了大家一輩子。加上我根本不可能認識每位朋友，盡量保守回答為上策。有時候，為了確認對方提問的理由，會再多問幾個問題，例如：

　　「您幾歲阿？」

　　「這個工作已經做多久了啊？」、「上個工作呢？」

　　「為何想離職呢？」

　　其實有些問題問了也是白問，大多數的人都會自圓其說，把看似無厘頭的決定說得頭頭是道，在我看來，這只不過是「給自己現狀的合理解釋」。

　　例如說，剛跟女朋友分手，就會說「感情，對男人根本不重要，工作重要得多。」事實上，是你前女友主動選擇分手，你是被動接受的那一方。

剛被公司資遣的員工，都會說：「我早覺得公司沒希望了，能撐到領資遣費也只是剛好而已，比起上個月離職的那位同事，我至少賺到了。」事實上，別人離職是自己的選擇，你老兄是被辭退。

歷經創業失敗的人都會說：「那些教你創業方法的人，自己一定都沒創業成功過。」事實上，他教你的創業方法就是他成功的要訣，而你，卻只是他創業模式下不斷試驗過後的犧牲品而已。

林林總總的理由與觀點，只是讓自己當下更舒服而已，私底下的自己，醜陋又難堪，到底怎樣才能活出自己？展現屬於自己的獨特光芒呢？

「保守的等待機會」vs.「衝衝衝，衝過頭」，到底何者才是最佳解答呢？我想給大家一個雖然不敢說百分之百正確，但放諸四海皆準且近似標準答案的答案。

關於機會成本，簡單的說：就是從 A 與 B 當中擇一，沒選的那一個所造成的損失，叫做機會成本。我想只要略懂經濟學的人，都可以明白這道理，問題是，為何還有這麼多人糾結在人生選擇呢？

25 到 35 歲的朋友，要懂得實驗精神，盡量嘗試新事物，

不要怕失敗。要懂得每次做出新選擇時，讓未來的選項多更多，而非將自己陷入囹圄之中。我同意在同一家公司工作一段時間之後換一家，但要換得有意義、有目標。

35到45歲的朋友，借力使力是關鍵，三點不動、一點動，每回人生的改變與創新，要記得回到自己的專業能力，不要與趨勢背道而馳。即使不喜歡，也請勉強自己，即使會感到稍微不舒服，但可讓下一階段的人生累積足夠的籌碼，無論是現金或實力的籌碼。

45到55歲的朋友，設定停損是關鍵，只做自己擅長的事，每一回新事物的挑戰，要記得問自己：「最差狀況會怎樣？」將自己過去的職業藍圖重新檢視，何處成功過？當時感覺如何？哪裡失敗過？如何不貳過？

找到屬於自己的前進道路後，要隨時檢核前進方向與力道，這時我就會鼓勵大家去仔細思考這一句話了：「**你以為值得做的事，不一定值得非常認真做，一定要考慮機會成本。**」

我有個朋友，曾在簡報大賽中嶄露頭角，各方面的條件都名列前茅，他最後選擇精進投影片技術。我不敢說這樣不對，不過在我的角度看來，他的投影片技術要從九十五分進步到九十八分，所付出的努力與精神，會遠遠超過想像。

如果他的目標是「做一場好的演講」，投影片僅是其中一個環節，那還有很多其他的環節值得努力；如果他的目標是「一位教投影片的講師」，這時做的所有努力，正是所謂的「職人精神」，那也很值得尊敬。

我問過他非常多次，有關目標這回事，他回答我也非常多次：「我對投影片的修改有興趣及狂熱，但我的目標是做好一場好的演講。」

我的觀察是，演講時氣勢的展現、why me 的升級[4]、口條的鍛鍊、互動的操作……都是可以進步的空間。這些內容對於演講者而言，所佔比例不會少於 60%，如果能夠將自己這幾個內容，從六十分拉高到七十分，肯定會看到長足的進步。但如果是花時間調整已經是很棒的投影片，在機會成本過高[5]的情況下，對於一般聽眾，根本分辨不出兩個投影片的差別，又何必如此認真投入呢？除非，你的學員都是投影片的職人高手，那就另當別論了。

你或許又會說：「我就是對投影片修改有興趣啊！其他我都沒興趣增強，這樣有錯嗎？」當然沒錯，不過我們再度檢核目標，目標是：「做一場好的演講」，這樣不是目標有錯，就是你有錯。

我想我舉這個例子，大家都可以輕易判斷要如何評估，

只是大家不願承認，你的目標往往不是「做一場好的演講」，而是「修改投影片」。

演講與修改投影片，可以換成你的「目標」和「有興趣的事」兩個選項，放諸四海皆準。許多人往往選擇的不是目標，而是去做有興趣的事。

最後想給大家的思考點是：**「要衝，一定要衝自己應該做的事。不是只去衝喜歡、有興趣的事，要認清目標，才是成功關鍵。」**

---

4. 為何是你在台上講？演講很重視這個，正所謂你是誰，比你說什麼更重要。
5. 修改投影片的時間過長，損失其他項目改進的機會，導致機會成本變高。

03 找對繩索，幫你攀向巔峰

時光倒轉到 2013 年 5 月 6 日上午，我在上 A 壽險的「當責執行力」課程時，我的好夥伴小美在現場，他是位忙碌的業務總監，時常會進出教室接電話。

下午進來兩位小幫手，讓我安定不少，其中一位就是芋頭。

這是我與芋頭的第一次見面，那一年，她值了我共 20 個小時的課程，世新剛畢業的她，是位青春無敵美少女。

第二年時數增加，也有更多聊天機會，印象中在 B 壽險的課程，幾乎都是她在現場，我一個眼神，她就知道我要幹嘛，是很得力的一位小幫手。

2015 年，算是我們的一個轉捩點，對她和對我都是。

當年下半年某次和芋頭聊天，她剛好提到在工作上遭遇的瓶頸、感情上的失落，我約她來參加「夢想實憲家」活動，她主動允諾可以來幫我，時機剛好在幾位中原大學學生結束實習返校後，她幫我處理了不少雜事。

女孩子遇到感情問題，最好的方法就是跳脫，與其感嘆「男人沒一個好東西」，不如讓自己變得更好，吸引更多男孩子靠近。

她很細心，帳目很清楚，透過這個機會，跟老班底們很快有了更多的接觸，她們剛好補足我最缺的細心與耐心。

說到細心，我辦活動的時候，根本無法瞻前又顧後。我負責講者接待、主持活動、現場招呼，收錢、聯繫、付款等事宜，其實無力處理。剛好芋頭的出現，幫了我一個大忙。我想特別提的是，我並沒有支薪給她，她也沒跟我爭取，事實上是，她不但付費來聽演講，我還請她幫忙處理行政事務。

或許大家會說憲哥很機車，但我後來回饋她的，絕對超乎想像。**有時對年輕人來說，缺少的就是這一條繩子，如果有條繩索，能夠助你攀向巔峰，或許能提供這條繩索的人就是我。**

日子久了，大家有更多的感情交流，雖然活動僅是每月一次，卻次次都很期待，每次她都會跟我分享參加後的感動與收穫。

一個我念大三才出生的小女孩，感情與生命體驗格外的成熟，我這年紀可以當她爸爸的中年大叔，卻能彼此像朋友

一樣東聊西聊。

她原先在管顧公司工作，正因為如此，才有可能值到我的企業課程。記得有一次，她曾經在值課的時候問我：「憲哥，你覺得我適合做業務嗎？」

「業務沒有適不適合，只有要不要！」

無奈她的工作一直都是行政助理的型態，沒有也不可能從事業務型態的工作，有時可以看出她的沮喪與灰心。

我常勸她：「把自己準備好，等待機會來臨。」

2016 年初她結束了前公司的工作，想回高雄照顧母親，利用地利之便在高雄工作，雖然機會較少、薪資較低，但花費相對也低廉，其實她覺得蠻划算的。

我們有次電影活動後，從電影院走到捷運站的路上小聊了一下。那天天氣好冷，我們談到離職後乾脆來幫我，她立即答應：「好啊，我非常有意願。」乾脆得讓人嚇一跳。

「媽媽那邊怎麼處理？」我問。

她說：「媽媽叫我去做業務，是因為台北沒機會，我才想回高雄的。憲哥，我媽也認識你喔！」我聽了心裡竊喜。

我需要一位助理嗎？

雖然未來的兩個月裡，我反覆思考這個問題，試圖說服自己與合夥人，但我堅信那種心裡的直覺及對人的敏銳。當時出道十二年，我看中、或別人看中我，有機會或有意成為我助理的，不下二十人，但沒有一個成真。加上我不喜歡有人一直跟著我，職業講師生涯中，都跟女性助理保持一定程度的距離。

其實一個人沒什麼不好，所有上課的大小事我都一個人搞定，不能搞定的，就交給管顧公司。十多年來，工作如魚得水，產能、產量都極大，毛利高達百分之九十，但身體耗損之多，卻是成本無法估計的。

2016 年 3 月得到福哥的同意，4 月補上 Tracy 的支持，芋頭如願以償進入「憲福」工作。福哥不如外表的嚴厲，他非常支持芋頭的工作，對待自己人更是親和無比，Tracy 亦是有大姊風範，願意手把手的輔助芋頭向上。

芋頭來了六個月，我們不能沒有她，「憲福」可以說都是她一手拉拔大的，課程、活動她無役不與。我跟福哥都很討厭行政與細節，她恰巧補足我們的缺口。

我問她：「當時為何想進來？」

芋頭說：「方向正確，終點雖不明，有四成把握，就先衝了再說；我如果不趕快答應，就被別人捷足先登了。」

她是芋頭，憲福的助理，行政副理黃鈺淨。

一位跟隨憲哥所有精華課程，時數近千小時的超級助理！

後記：

芋頭在憲福育創服務的五年多（2016/3~2021/7），是我們事業與個人品牌最顛峰的期間，也是影響力累積的重要階段，因爲生涯規劃，她向我提出了辭呈，我跟合夥人討論後，同意了她的辭職，因爲我說：「如果我是妳，或妳是我女兒，我一樣也會同意。」

她於 2021 年 1 月與 Jason 結婚，並於 2022~2023 年前往日本大阪進行短期日語學習，完成她學生時的夢想。

她的離職請求，我無法拒絕的兩個原因：

1. 她說：「憲哥，您不是說人生準備 40% 就要衝，我們日文雖然還不夠好，但我們可以練啊！」

2. 2017 年 9 月她人生第一次出國是我帶她去的（廣州肇慶企業職課），第一次去日本，也是跟我的熱血加油團去的

（2017/11 東京亞冠賽），她會出國，想去日本，都跟我有關。

　　我有理由拒絕嗎？冥冥之中，是我給她一條繩索，衝去日本念書的。返台的她，目前在南港附近的會展中心服務，祝福她的職業生涯，掌握關鍵變數，攀向高峰。

那些得來不易的機會，如何評估？

　　我的學生很多，優秀的也很多。當我提供他們演講機會時，從他們的應對大約可以判斷同學對「上台」這件事的自信程度。

　　不可否認，有時從我的角度也很難百分之百看出講者的實力，想紅的人真的很多，但不是每個議題都適合每位講者詮釋。

　　有次關於夢想的演講活動，我邀請了一位在臉書上私訊我的朋友，我看了他的投影片與相關資料，覺得他們團隊的創業概念很不錯，再加上五光十色的影音效果，最重要的是：他是我學弟。我便邀他到我的演講場合來分享。

　　一開場就弄了有點久，放的影片很長，開場白又沒有經過特別設計。雖然有創業的好點子，但站上台上演講的口條與渲染力卻有待加強，那次我始終覺得他們無法抓住台下的目光，幸好後面兩棒都很強，才讓我免於被聽眾責難的可能。

　　事後我問講者：「你這投影片做了多久？」

　　「花了我一個星期的時間！憲哥，您覺得如何？」

「投影片很讚啊，只不過你抓不住現場觀眾，他們不一定會因為投影片而被吸引，卻會因為你提出的感動方案而行動。」

「還有，投影片要因為現場聽眾不同，要微調篩選喔！」

我接著問：「你給自己打幾分呢？」

「20 分吧！」

「沒這麼低啦，你謙虛了。」實際上，我心中的數字是 35 分。

從這個例子我學會了：再三確認。不要因為彼此相熟或關係特殊而不慎選講者。

相反的，有次我認識了一位「40 分講者」，我不是說他只有 40 分，我是說演講前我對他的信心只有 40 分，但他卻呈現出 120 分的成果。

這位來自南台灣墾丁的講者，是全台獨一無二的白金潛水教練課程總監。

他的專業無庸置疑，投影片技術經過專業課程磨練之後，也達到一定程度的水準，口條也進步不少，但缺少的就是大場的磨練經驗。

平時他的工作就是一對一，或是一對少的演講分享或教學，面對一對多的演講場合，我對他的信心實在不足，但我對他的專業卻很有信心。畢竟談到潛水，很少人能講得比他好，比他更貼近真實。

我問：「琦恩，我想約你來『夢想實憲家』分享你的潛水世界。」

他二話不說立刻答應：「好呀，幾月幾號？」

於是未來三周，他一直與我保持聯繫，時常來問我觀眾是誰？他們喜歡聽什麼？我弄支短影片好不好？長度該多長？……印象中他問了好多問題。

現場的表現出乎我意料之外，大家簡直用瞠目結舌來形容，我在結語的時候跟大家分享：「說實在的，我們現場七十人，沒人去看過海底世界，無論你怎麼說，我們都會相信你的話，你放膽講得超讚的！」

我對琦恩的表現，給予非常高的評價，會後我給他的建議是：以後在台上不要一直無意識地走來走去，這樣看起來會更有大將之風。

他和我道謝：「謝謝憲哥給我的寶貴建議，我一定會越來越棒的。」

　　我當然相信他會越來越棒，而且後續我也安排他在南部的大學做演講分享。我不吝惜給朋友們機會，但一定要有勇氣與專業，還有，你要讓我有放心的感覺，我才會一次一次帶著大家登上更大的舞台。

　　只有四成把握的人，如何做到 100 分的樣子，除了勇氣之外，需要的正是專業，不是譁眾取寵的花招。琦恩做得很棒，他年紀很輕，只有三十來歲，未來還很長，又耐得住寂寞，只要強化專業素養，我很期待他能夠更上一層樓。

　　「憲哥，膽識與勇氣該如何培養或練習呢？」這是很多人問過我的問題。

　　我必須先承認，天性與本質決定一切，我們很難去勉強一個根本就怕高的人，去參加高空彈跳或是高空跳傘的挑戰，就算有百分之百的安全保障，他們一定連站上去、被綁繩索這兩件最起碼的事，都像是會要了他的命。

　　「與其說我不敢做什麼，倒不如說我對什麼不排斥。」這就是勇氣的來源。

　　就像追女朋友，除了情場老手和壓根是宅男的人以外，大多數的男人對於心儀的女孩子，一開始都缺乏勇氣追求，那勇氣哪裡來呢？

不外乎：「**真的很喜歡**」、「**旁人敲邊鼓**」、「**評估有勝算**」這三大法則。

對於真心喜愛某樣人、事、物的朋友，我相信勇氣只需要時間去醞釀，待時機成熟後自然就可以行動。

「旁人敲邊鼓」則有很棒的鼓舞作用。所以我鼓勵朋友們，每個人的身邊都要有一種扮演鼓勵者的「推手」朋友，無論你做什麼決定，他們總是站在你身邊不斷鼓勵你勇往直前的向前邁進，但你一定要能分辨，何者是鼓勵的推手？還者是諂媚的損友？尤其追女朋友，很需要敲邊鼓的人。

「評估有勝算」正是我提的有 40% 的把握就衝了。你真的奢望女孩子會主動追求你？別傻了！不管我是老古板，還是不熟悉現今社會，男性主動本來就是天經地義的事，但到底會不會拿到「好人卡」？你待在家裡想半天也沒用，就是去試。

所謂有勝算，大概不外乎幾個指標：

女生是不是剛結束前一段戀情？

你認不認識她周圍的手帕交？有訊息可以探聽嗎？

至少她不討厭你，有過簡單交談嗎？

你如何評估她也會對你有興趣？

她的興趣與喜好你知道嗎？

有共同朋友嗎？

未來三個月有機會可以保持密切接觸與聯繫嗎？

聊得來嗎？

工作或求學環境有地利之便嗎？

以上這幾個標準可供你評估。或許你會說憲哥太理性，沒錯我也同意，不過感情這檔事，若是一味地感性評估，缺乏理性訴求，會如我年輕時碰一鼻子灰的經驗，以及浪費過多機會成本，這些經驗我都不想讓大家再發生。

總之，若是以上評估標準，有 40% 的成功比例，我會建議你：「先行動再說」，這是真的，說不定對方也正等著你進一步接近喔！

後記：文中所提陳琦恩先生，2020 年獲選《經理人》雜誌評選百大經理人及 SUPER MVP 殊榮，演講內容與技巧也越臻成熟、穩重。

05 搞定關鍵變數，搞定你的業績

關鍵變數的應用，在業務工作上格外有感。

業務工作是重策略選擇的工作，一旦施力方向錯誤，很容易造成全盤皆輸的窘境，除了謹慎以外，你只要注意「選擇」即可。

舉例來說，（A+B+C）X=S。

這個公式裡，你認為 S 會是什麼？

在這裡，我會將 ABC 視為業績成長的充要變數（必要條件，如專業能力、積極度等等），X 視為關鍵變數，S 視為業績目標。

這個概念很簡單：

關鍵變數的應用

ABC 越大，X 越大 S 肯定是越變越神	**ABC 越小，X 不變** S 影響有限
ABC 越小，X 越小 S 肯定是越變越鳥	**ABC 不變，X 越大** S 突飛猛進
ABC 越大，X 不變 S 會緩步成長	**ABC 不變，X 越小** S 需要很努力、很費力才能得到

不太會有 ABC 越大、X 越小，或 ABC 越小、X 越大這種選項，因為 ABC 與 X 在業務運作的概念裡，是相輔相成的變數，不會往兩個極端方向走。如果往相反方向，一定是你的充要條件沒有想像中完備。

當然這並不一定是絕對，但至少 B2B 和 B2C 雖然作業模式不盡相同，但公式與原則卻如出一轍。

你認為這裡的 X 是什麼？

花十秒想一下吧。

你的答案若跟我不一樣，也不用難過，說不定你的答案是對的，只是我們產業不同罷了。

想好了嗎？

我的答案是：**「信任感」**。

業務工作是人與人相處交易的工作，無論產品、產業、專業、環境為何，只要市場有需求，你是跟人做生意，只要是人，交易首重信任感。

想一想，你周遭所有認識的朋友或客戶，或是人際與顧客關係裡，一定會發生類似這樣的狀況：

三分之一的人喜歡你。

三分之一的人討厭你。

三分之一的人隨便你。

這裡的三分之一是概念啦，我大概抓一個比例，其實你只需針對喜歡你的三分之一施力即可；討厭你，或是隨便你的人，無論你做了什麼，他們也只會繼續討厭你、隨便你。

然而只要針對喜歡你的人，讓他們的人數放大到五到五百倍，你就可以做好 B2B 或是 B2C 的相關業務工作了。

「信任感」如何提升呢？

這絕對不是三言兩語能夠說完的，更不是要你為了提升

信任感，去做一些欺騙、詐欺或是刻意討好的事，這樣是沒用的。

如果說硬要談技術，我會分三個面向來談：

1. 專業度

2. 密集度

3. 辛苦度

首先來談談「專業度」。這一個抽象的名詞，你去問任何一位職場工作者，沒有一個人會說自己不專業。然而專業度絕對是要能說得出來、寫得下來、表現得出來的一種存在；這絕對不是幾張證照、或是在公司待多久，這些僅是能量化的東西。

我認為，專業度至少有三個評估標準：

讓客戶覺得你「這麼好」、「這麼神」、「這麼準」三個可感受的評估標準。

其次，我們來談談關鍵時刻一定要展現的「密集度」。

沒做過業務的夥伴，一定不知道我在說什麼，密集度是用在非常關鍵時刻的一種超能力。我簡單說，就是客戶面臨無知、無助，需要你出手相救的時刻；這時密集的回報與處

理態度，就會變得非常重要。

我舉個例子來說：如果有事情發生，你五天之內跟對方聯繫六次，比十天之內聯繫六次的密集度高。**唯有透過密集度建立起的信任感，才會讓客戶感覺在「這麼短」時間內，你「頻」率如此高、又「這麼拚」的為我服務。**

短頻拚三字訣

短：時間這麼短
頻：頻率這麼高
拚：這麼努力拚

最後來談談沒注意會出事的「辛苦度」。

為何說沒注意會出事？

很多人以為業務這項工作常常不費吹灰之力就能做得好、賺很多錢，如果你給人這種印象，久而久之不但沒人要幫你，更慘的是，你會被冠上「賺錢太容易」、「只有有錢賺的時候才能讓他出現」這類偏見。

那要如何展現辛苦度呢？

要讓客戶感覺，你真的很「累」

要讓客戶感覺，現在真的已經很「晚」。

你一忙起我的事來，真的有夠「瘋」。

一個原則：要讓客戶感覺，千萬不要你自己說，這樣沒用。

沒說出口的，才是真的。

下一篇，我們來舉些例子說明。

06 「信任感」是最重要的成功關鍵

上課這麼多年，處理過 2,400 個場次的訓練班級，可以遇到的事，大概也都遇到了。這些並不會隨著經驗累積越多而有所趨緩，反之，遇到的挑戰常讓我想都想不到。

之前我接了一家金控內部演說類似 TED 的訓練，參加的十二位學員都是一時之選，當中也包含 H 兄。

他當天不但晚到，還一進教室後就開始滑手機，最重要的是，他被選為組長，又坐在我前面。

其實這類事情，我就當作沒看到就好了，反正要混大家一起混。但我可不是這樣想的，當天我有兩位子弟兵就坐在後面，我不想損失任何可以「機會教育」的機會。

我在十分鐘之內連續說了三段話，雖沒刻意針對他，但他一定有感覺：

「如果大家公務繁重，可以先到後方處理，再進來上課喔。」

「同學，如果大家忙，沒關係，可以先到後面處理，或

是回去辦公室不用再進來，其實我不會生氣的。」

「同學記得作筆記，這很重要喔。」

其實我有點生氣了，因為情況並沒有改善。

於是我請 H 出去。

沒多久我跟他在教室裡開始一陣針鋒相對，氣氛很僵，搞得 HR 很緊張。過程我先不提，總之我跟他都不是省油的燈，但為了同學，我們都退讓了。

這時要讓他服氣，只能靠專業。

輪到他演說時，我多次指導他其實還有更好的演講法並親自示範，同時也說了其他同學的優缺點。下課後，他走過來擁抱我，我也當著大家的面跟他道歉。我承認我也有錯，我不應該讓他沒面子，其實很多事說開就好，我敬佩他願意虛心學習，也讓事情終於圓滿落幕。

相信有著業務魂的朋友們，總是會經常遇到挑戰，面對挑戰最好的方法便是專業，**「專業，是取得信任的最佳方式」**。

大家記得前幾篇我提到新車被撞的事（p.145-p.150）嗎？在這我補充一下業務對我的後續處理方式。

做完筆錄後，我開離國道警察局，心裡滿是氣憤，車開得很快，不到五百公尺就感覺被拍照，頓時心裡只剩一個字「X」。

做筆錄前，我聯繫保險業務與車輛業務，他們是夫妻，也是我在《說出影響力》書中所提的「發哥與發嫂」，他們在晚上五點半到八點半這三個小時之內，一共打了七通電話給我，讓我處理車禍後續所有流程時，心裡都有個譜。

七通電話我依稀記得，談的是以下幾件事：

1. 人有沒有怎樣？

2. 千萬不要私下和解。

3. 記得拿到警方報案紀錄。

4. 需不需要代步車？

5. 我今晚就牽你的車，明天開始拿去修。

6. 我們有律師可以協助你。

7. 我會幫你公證，取得損失證明。

七通電話打完，我當下決定以後買車、保險，我都不想找別人了！

　　我把車開到中壢中園路他們家，夫妻兩人都出來問候我，最讓我感動的是，發哥已經準備好一台紅色的小車讓我代步，我回家的時候，心裡滿是溫暖。

　　當然後續的損失公證、律師協助、存證信函都是他們協助我的，只有漫長的法庭流程，是我親上火線。

　　這三個小時之內的七通電話，一個晚上的密集處理，取得我的高度信任與忠誠度。

　　最後說到最抽象的「辛苦度」。這不是你認為多辛苦，是客戶認為你有多辛苦。

　　記得 2001 年 6 月某日，某手機大廠發生凌晨火災，中午的一通電話，震撼了當時我所任職的公司——安捷倫同仁的心。當天傍晚六點半，我和 Allen、Rick、K.C. 三位同事，在客戶首肯情況下，進到了火災現場。原本乾淨的廠房，雖不至於面目全非，但已全被消防泡沫、粉塵、灰燼、灰塵掩蓋，廠長的表情，從強悍變成無助，從霸氣變成軟弱。

　　我說：「廠長，需要我們幫忙的地方請儘管說，安捷倫一定相挺到底。」

　　廠長的手已經很粗、很髒，加上臉上、全身上下與制服的髒污，我差點不認識他，他握著我們四個人的手，逐一說：

「拜託，拜託」，我完全能感受他的無助與勞累。

從凌晨五點事發，到傍晚六點多，該公司幾乎全體動員，消防隊、警方、公證公司、保險公司都在第一時間處理與蒐證，隨後幾天的儀器廠商、設備廠商的陸續估價與復原預估，都必須用特急件來處理。

廠長說：「你們安捷倫速度最快，提出的復原計畫也最好。」

我心裡想：「我們就在你們公司旁邊，當然要最快啊。」

那天晚上，我們跟廠長一起針對復原計畫討論到晚上十點，其實我們不覺得很辛苦，是廠長覺得我們很辛苦，那是一種感受問題。

你知道的，**雪中送炭才是辛苦度的展現，錦上添花不行。**

這個案子，前後花了三、四個月結案，第一時間的辛苦度真的很重要。

我們團隊內的四位主管與同事，沒有人先想到業績；心裡有業績，最後一定沒有業績。因為心裡有客戶才是最重要，這是我做業務十二年心裡最大的體會。

因為這個案子，我們不但拿到了很大一筆儀器維修與校

正的業績，也贏得了外部客戶的尊敬、亞洲主管的讚賞。這四人團隊，以及幕後所有的英雄都拿下了當年的「亞洲區服務品質白金獎」，這僅是我在安捷倫第一年菜鳥時期處理的專案。

　　辛苦度是展現信任感最好的方式，但辛苦二字不能你說出口，要客戶說出口才有價值。希望正在閱讀這一篇的你們，也能體會並提升業績的關鍵變數X的核心概念──信任感。

）當關鍵變數是自我經營與學習

如果把（A+B+C）X=S 這個公式放在自我經營與學習，我們可以把 S 定義成：成為一個持續成長的咖。A、B、C 是成長學習的諸多方法，那請問的 X 會是什麼呢？

如果要問我：我會把 X 定義成「閱讀習慣」。

我絕對不是在書市不景氣、持續低迷的今天建議大家多看書，而是我一直都有保持閱讀的習慣，尤其擔任講師的這十七年。或者更精準的說是，出書以後的這十三年；或者再更精確的說是：我從小眾走向大眾的這十年。我很明確的發現：**養成持續且大量的閱讀習慣，是每個人成長，成為一個咖的必經過程。**

為何我會這樣說？

其實我自己也很清楚，一本書裡的重要觀念就那麼幾個，但你沒去翻閱、閱讀，你就是不知道一些事，而閱讀最大的好處就是，你一面累積人生經驗、歷練，一面在書中找到有人跟你想法雷同，或不雷同。或者，找到案例、找到一個比你更好的架構，來印證你觀點的重要時刻。

　　請注意上面這句話：一面累積人生經驗、歷練，一面在書中找到有人跟你想法雷同，或不雷同。或者，找到案例、找到一個比你更好的架構，來印證你觀點的重要時刻。

　　想要有這種爽快的感覺的重點是要「大量閱讀」，而非「精讀」。

　　除非你對該議題很有興趣，可以選擇精讀為成長方式，否則，我鼓勵大家大量閱讀，而且無須全本讀完，因為沒必要，也不可能。

　　相較於聽演講、上課這類必須花費大量特定時間才能學習的方式，閱讀變得相對輕鬆、片段、自由許多了。正因閱讀有諸多好處，人們反而會選擇看似更節省時間的聽演講、搶上課的方式，但大家是否曾想過，聽演講與上課容易有三大機會成本的損失：

　　1. 增加關注更重要人生議題的機會成本，排擠了增加人生經驗與資歷的其他機會。

　　2. 有形損失：過多因學習所花費的金錢。

　　3. 無形損失：排擠其他的學習時間。

　　學習，從不會在教室裡發生，而是透過不斷實作所產生

的過程。

因為上述三個原因，一本書折扣後大約 350 元上下，在不精讀、隨興閱讀、找到碰撞機會的三大前提下，相對便宜許多，尤其對許多年輕人，更是學習成長的最佳良機。

從作者的角度來看，書市越是不景氣，買書看書的讀者，越會得到作者的青睞，你認識作者的機會就會變高，其實也不失為一種高效的學習方法。

至於什麼是好書？

定義莫衷一是，但我提出三個方法讓大家判別：

1. 看看推薦序：誰寫的？他在你心目中的地位？

2. 看看國外的相關評價：這是蠻具有參考價值的重要指標。

3. 上相關出版網站，搜尋評價，或是看看出版社是否為他拍攝推薦影片等等。

當然同溫層的朋友推薦也是方法之一啦。

最後老話一句：**學習不用多，持續很有用。**

印證你是否學會，或是融會貫通的方法只有一個：**練習**

把你剛剛看完的書，用五分鐘說出來看看。說得出來的東西，就是你學會的東西，至於能不能應用，則是下一個議題了，這必須經過實際演練，與關鍵的刻意練習才行。

08 當關鍵變數用在職場經營

當關鍵變數用在職場經營，關鍵的 X 又是什麼呢？

首先，我們先好好定義「職場」二字。

「老闆花錢消災，提供舞台，你能有所發揮，解決他人問題的特殊場域。」雖然有夠白話，但是是在我字典裡，最赤裸裸的寫照。

職場如戰場，沒有老闆想養廢人，有能力就解決他人問題，沒能力就換地方解決另一批人的問題，沒有人需要你解決任何問題，或是解決該問題的成本不夠高，自然就會面對低薪或是裁員等問題。相對的，大家都希望你來解決問題，或是解決該問題的成本很高，你自然就會面對高薪或是到處被需要、被挖角的現實態勢。

所以 X 到底是什麼？

專業知識、產業歷練、豐功偉業、年資、人脈累積……，可能都是，也可能都不是，**我認為 X 是：專業能力**，而專業知識僅是 A、B、C。

專業知識，不等於專業能力。

政府或民間能夠考核職場工作者的專業知識，不是用證照，就是用考核表，這些都是相對簡單量化的東西。但專業能力是無法量化的能力，必須透過一起共事，才能體會的隱性專業。

舉例來說：團隊合作能力、問題解決的能力、時間管理的能力、簡報口語的能力、清晰思考的能力、獨立作戰的能力、處理挫折與壓力的能力⋯⋯等等，都是職場的隱性能力，我們俗稱「軟實力」。

這類軟實力不易被檢核，只有一起工作過才會知道，所以，一般企管顧問業界都是針對這類 soft skill 去培訓員工。

然而，這真的能培訓嗎？

我認為一半一半。

知識或是方法、論述類的東西可能可以培養或是訓練，但實際應用與改善效能等應用層面的東西，必須透過實務操作才能看出成效。

故此，我會給職場工作者四個關於關鍵變數是「專業能力」的建議與提醒，雖然標題看似玩笑，但都是我真心的提

醒：

1. 搞過：你搞過什麼專案、大案、不可能的案，一定要隨時記錄下來，保留心得、照片、客戶滿意度信函、老闆讚賞的文字、獎狀、獎盃之類的都可以，記得一定要留下記錄。

2. 上過：你上過什麼課程？哪一位老師？老師對你有何評價？是否有公司內部課程評比、競賽、名次或是成績如何？這些東西無論是職場轉換，或是往上晉升，都會很有幫助。

3. 玩過：我個人很重創意，你是否曾提出什麼好玩的想法？ Idea ？創新專案？無論有沒有被認同採納，你都應該記錄下來，這些東西對你未來會很有幫助。

4. 說過：你同事怎麼形容你？你在老闆心目中是何種形象？客戶心目中呢？跨部門主管或同事心目中呢？這些別人說過你的話，我認為無論是正面的、負面的，對你長期來看，其實都是正面的東西。

若是你平常有刻意收集以上這四個「過」，等到關鍵時刻來臨時，相信一定可以輕鬆的「贏過」他人，無論是晉升或是轉職皆適用。

憲場觀點

· 站在他人的立場想事情，不要成為萬人迷，要把夥伴先扶起。
· 缺乏自信無所謂，先培養專業，再強化勇氣，抓住放手一搏的機會。
· 你以為值得做的事，不一定值得非常認真做，一定要考慮機會成本。
· 唯有透過密集度建立起的信任感，才會讓客戶感覺在「這麼短」時間內，你「頻」率如此高、又「這麼拚」的為我服務。
· 養成持續且大量的閱讀習慣，是每個人成長，成為一個咖的必經過程。

結語 降載不停機的使命人生

　　我這個年代的職場工作者，深受史蒂芬‧柯維（Stephen R. Covey）、克里斯汀生（Clayton M. Christensen）、查爾斯‧韓第（Charles Handy）等幾位大師的影響，尤其在 2023 年 4 月 22 日，我受邀與陳鳳馨前輩，一起在誠品六樓，導讀柯維的遺作，並由其女收尾完成的《最後一堂課》與其大作《與成功有約》兩書。

　　事實上，二十年前我還在外商工作的時候，就看過柯維的大作《與成功有約，The 7 Habits》，那時我才 35 歲，對人生仍充滿懵懂，沒想到二十年後，我竟幫死去的柯維，導讀他這本全球銷售 4,000 萬冊的鉅著。

　　我內心是十分激動的。

　　無論是大衛‧布魯克斯的《第二座山》，或是諸多大師著作《你要如何衡量你的人生》、《這一生，你想留下什麼》、《你是誰，比你做什麼更重要》等等，都直指一個觀念：「生命的關鍵不是長短，而是品質。」

　　提及最多的觀念是：「以終為始。」

家父告別式當天，我站在會場臨時搭建的牌樓前端詳許久，在家父「謝公豐秀」姓名前，並未加註他嚇人的職銜、偉大的抬頭，再次印證好友葉丙成教授所說：「人的一生追求的是：光耀自己的名字。」

如果沒有金錢、房地、光鮮亮麗的職位等需要在死時被彰顯，那我們死後希望被後世如何記住，便成為 55 歲的我，亟需努力的目標。

「人真正的死亡，是世界上不再有人記得你。」

可不是嗎？

2023 年 3 月方舟出版的合約到期，我已將市場上的全數庫存買回，本就不打算再續印本書，讓本書自然絕版。直到四月導讀大師的鉅著，加上七月時報的邀約，我打算再給自己一次機會，希望透過再版，讓更多新讀者，帶著我的滿滿勇氣，迎向各位的新人生。

我想透過本書，傳遞給新讀者二件事：

1.降載不停機

慢慢將企業內訓的時數下降到一年只接三百小時，維持全盛時期的三成即可，不讓自己跟企業脫鉤，希望不讓自己完全停下來，又能顧及身體狀況，找尋更接近平衡的生活方式。

2. 人生下半場是使命，不是事業

我始終強調，人生上下半場分野不是 50%–50%，更非職籃 24 分鐘 -24 分鐘，當你意識到人生有上下半場時，或許已是 60%–40%，70%–30%，甚或是 80%–20%、90%–10%，運氣好一點的 40%–60%，那也要能確定下半場都健康。

我希望把我的後半人生奉獻在四件事：

1. 弱勢體育平權扶助

2. 演說能力的普及化

3. 企業訓練的精緻化

4. 積極推廣閱讀習慣

期待您與我一起，奉獻人生使命，而不僅有關注事業而已。

本書預付版稅捐贈並贊助「社團法人台灣運動好事協會」，作為支持台灣基層運動推廣的基金，最後「一個國家要強，體育運動一定要很強」，我始終深信不移，期待您能與我同行。

2023.8.30 於瑞士

讀者推薦

▌ **林竹君**（竹孟踏實人生有限公司執行長）

憲哥《人生準備 40 % 就先衝》這本書，所有 20 歲左右的年輕人都應該看。

書中說：「心想不會事成，勇氣不會成眞，搭配行動服用，夢想才會成眞。」

「沒經驗就要有時間，沒時間就要有經驗」，深深印證我在 20 歲的「偷跑策略」的傻勁，完成目標的衝勁。

當我升大一的時候，我媽媽告訴我：「家裡還有兩個妹妹要養，爸爸只是警察，國家補助就到大學！大學四年，該考證照就考證照，畢業後就趕快找工作，幫助家裡。」我除了就把能考的證照都考起來，我直接挑戰業務工作。

我記得進公司受訓三天後，就告訴主管我要進市場找準客戶。我的想法是：「先做再說，錯了再改！」進到市場被準客戶電一電，回來做修正及檢討，再出發去衝。 大三我才20 歲，我有的是時間還有滿血的體力。

我目標很明確，每天設定的目標，不是成交的客戶，而是每天目標八小時，十個拒絕我的客戶。然後問他們：「爲

什麼要拒絕我，請他們教我如何更好？」用「偷跑策略」很快成為業績王，25 歲成為最年輕的主管。人生有高峰必定有低潮，在 2017 年我事業最高峰的時候真的衝過頭了。目中無人，不可一世，也累出病了。

2017 年 10 月 7 日開始，三個月內，得到三個癌症。

我以為我的人生跌到谷底，但是二十年的業務精神。讓我設定的目標，不是營業額，而是和醫生設定目標，讓我的身體痊癒。再次讀憲哥這本書，有一段話深深烙印在我心裡並且會一直持續執行在我的人生道路上。

「先求有，再求好！先求好，再求大！」所謂的大，也是當下的狀態。這不是一種自我感覺良好的想法，而是一種心靈的平靜與自由，無拘無束的爽感。我現在很平靜，人生也很自由爽快！我先生告訴我：「現在的你，一天只要做好一件事情，你就很棒了！」

我現在真的很棒。

關於教養

我兩個兒子喜愛不一樣，我們對他們的愛都一致。哥哥喜歡簡報、演說、舞台，弟弟喜歡手作、工程、器械。只要他們有機會想要去做，我們會鼓勵他們憲哥說的話：「人生

準備 40％ 就可以衝了！」目標正確，做對的事！衝就對了。

老大李紘諒在 2022 年 3 月 27 日，於 FB 上看到憲哥舉辦「豐說享秀」說出影響力青年版！他當下看到很激動，非常想參加，而看到報名資格的時候，愣住了，因為上面寫「報名資格：從高中到大學」他才國中尚未達到。但憲哥說：「40％ 就要衝了！」並告訴他：「先充分準備文字稿跟影片，搞不好有機會可以破格參加，就算沒有入選，至少又累積了一些歷程！」2022 年 4 月 21 日，錄取「說出影響力青年版」。很幸運的，經歷了憲哥的三堂課及無數次線上討論，2022 年 7 月 10 日，見識到台灣的希望，年輕人高手雲集，在百人眾多高手中，進入最後 27 人決賽，榮幸的拿到第九名成績。人生不衝嗎？40％ 就衝了！

老二李柏辰從小就愛冒險、敢挑戰，2022 年 10 月疫情剛解封，我看到新聞 2023 年 1 月招募尼泊爾海外志工服務隊。因為哥哥要準備高中會考，所以我把這個訊息告訴弟弟。我說：「三年半沒出國了，有機會出國，你想去嗎？」弟：「出國耶！當然好啊！」我：「寒假去尼泊爾當志工，你願意嗎？」「當地沒有水、晚上沒有電、沒有網路喔。」「你先上網查一下資料，一個禮拜後再回答我！」勇敢的他，上網查資料之後，告訴我他的恐懼害怕以及不能打電動的擔心。但是他還是爽快地答應去尼泊爾當志工。接下來換來的是我

爸媽每天打電話罵我：「弟弟才12歲耶！林竹君如果你12歲，你敢去那裡嗎？你不敢去，竟然叫我的孫子去，而且疫情還沒結束，那裡那麼落後！為什麼要這麼冒險？」 我知道這個志工服務隊已經有十一年的經驗，雖然疫情中斷了三年，只要行前預備好，就衝吧！

我們常常告訴孩子：「走出世界，打開眼界。」 用雙腳踏遍世界，用雙手去幫助需要的人。而孩子願意，所以才跳脫原本舒適圈，超越自己。2023 年 1 月，李柏辰去距離台灣3,700 公里外做尼泊爾志工服務，是一個用生命影響生命的奇幻旅程。

▎陶逸婕（前台哥大 mybook 電子書合作窗口）

憲哥，一位天生屬於舞台的明星講師，他有天賦、專業卻不高傲，他站得越高，總是想著如何可以回饋社會更多。

我從事出版相關工作十幾年，見識過許多各領域專業作者、講師們，也參與過許多大大小小的講座，但撇除工作職責之外，能真正讓我打從心底佩服的作者不多，憲哥，就是其中一位，不管做人、做事都獲得我敬重的作者！

認識憲哥，是在 2017 年國際書展簽書會現場，透過出版

社的介紹，爲「千萬講師」這本新書錄製宣傳影片，他和福哥兩人間默契之好，很快對焦了宣傳重點，錄製一次搞定，當場讓我們讚嘆不已！

那是我第一次見識專業演說家的威力，也因爲這次機緣，開啓了台哥大電子書城與憲哥一系列書籍推廣活動，爲當時的服務創造不小的聲量和流量！

憲哥專業演說力，只要聽過他的演講或課程，相信就會徹底被收服。憲哥有超強記憶力，見面就能說出姓名和認識時間點，總是能讓人驚喜。但，我最欣賞憲哥的一點，不只是他的演說力或是記憶力，而是他的親切態度，他總是和善、尊重地對待身邊的每一個人。

因爲尊重，讓大家都喜歡他，也讓他能成爲大家的憲哥！

▌何琇菱（富盈睿智保險經紀人總監）

我是財務策劃師何琇菱 Anita，過去二十年從事人力資源工作，包含金融業和外商流通業，我很喜歡 HR 的工作，一直以爲會做到 65 歲退休；然而在五年多前，遇上了職場中年危機，被公司資遣了！對於這個結果，當時身心受創，經常莫名流淚、懷疑自己的價值，然而哭無法解決問題，爲了家

人也爲了自己，我必須要堅強起來。

憲哥《人生準備 40% 就先衝》乙書，和我轉職故事不謀而合，凡事沒有辦法準備到 100% 才行動，或許很多時刻我們沒有掌控權，但我們擁有更珍貴的選擇權。被資遣時我評估分析自己的下一步，最後我決定暫時放下 HR，讓自己重新開始，選擇保險經紀人，完全沒有業務經驗的我，頂多擁有多年前考取的證照，就這樣在跌破大家眼鏡下，勇敢跳出舒適圈！

這五年來我年年取得百萬圓桌會員（MDRT），也晉升三次，面對變化和未知我也會不安與恐懼，但既來之則安之，做好選擇，咬緊牙關向目標前進。

引用失敗學的一段話：夜越黑，星光越亮。每一次失敗，都是一次生命系統的升級。成功的對面不是失敗而是不嘗試，失敗是邁向成功的過程。

面對機會和改變，也許你也會有很多擔心和害怕，希望透過自己的實際故事，讓您更有勇氣面對下一步，而縮短想像和實際距離就是行動。

人生準備 40% 就先衝吧！

▌**謝雅玉**（惟傑科技顧問有限公司執行長）

跟憲哥開始有比較多的接觸是在 2020 年 5 月的「說出影響力」課程，這一堂課在正式上課前，就有一連串的作業，可想而知上憲哥的課相當不輕鬆，但在每一次交出作業時，居然都很快地就收到回饋，憲哥總是能夠很精準的點出我們的盲點，並且一步一步引導大家自信的站到講台上。

每一次聽憲哥的演講，都能夠感受到憲哥對學員的激勵與熱忱，他傳遞給大家的不僅僅是專業知識，更多的是生命的故事以及積極的價值觀。憲哥總是以自身為出發，不斷督促自己前進，同時也點燃身邊夥伴與學員的熱情。

《人生準備 40% 就先衝》並不是只有用這 40%，就可以讓我們到達目標，而是要先行動，並且一路上持續地運用資源、學習、修正與調整方向，如此才能夠達成目標，最重要的是「行動」，必須勇敢地跨出第一步。

憲哥說過：「世界不缺埋怨的人，缺的是捲起袖子做事的人。」凡事要先行動了才會知道不足的部分，也才能發現更多的可能。

▌ Emma（營業經理）

2017 年 6 月 1 日滂沱的雨夜，下班交通顛峰，200 人冒著風雨為了一個人聚集，這是他第八本書的巡台新書發表會首場。

2023 年 8 月同樣滂沱的雨夜，拿起《人生準備 40% 就衝了！》，書內泛黃的簽名，依舊讓我莫名的悸動，那些摺頁與畫線，是當時迷惘與徬徨的痕跡，太多的精彩，簡單說三點吧！

「什麼事非你不可，你就只做這件事。」

除了平常的業務工作外，不管我在哪家公司，總是會分攤到一些雜項工作，從開始埋怨到處之泰然，學到就是自己的，把別人眼中屎缺工作做好，成就「非我不可」局面，創造自己在公司的附加價值與另類成就感。

「轉職的過程，找的不是專業知識與經驗，而是將此淬煉出來的專業能力。」

回歸舊東家六年，有人覺得拿出以往的實力就好，但現今職場環境不是資深就佔上風，年輕世代有更多籌碼，資深唯一能致勝的就是萃取經驗能力，如同精華液一樣，一瓶抵好幾瓶，無法萃取的都不是經驗，只是經過。

「不敢行動，停在原地，你的人生不會有什麼不同。」

三年前，極度恐水的我竟然去學潛水，兩天課程猶如地獄，練習中發生過度換氣，那時想放棄，但又想如果會潛水，就算只潛一次，好像人生就有點不同。往前走一步也許會失敗，但比停在原地不動好。

人生準備 40% 就先衝，衝刺要有好的後盾（健康和家庭）和好友支持，更少不了一本值得珍藏的好書，祝大家衝刺愉快！

▍**吳淋禎**（2017 年 TED Taipei 講者）

如果人生真如憲哥所說「準備 40% 就先衝」，那我還真是這句話的實踐者。

2017 年我還是個沒沒無聞的護理師，在一個演說分享的場合結束後，憲哥告訴我「我覺得你很會耶，你可以去 TED，護理師很辛苦，你們需要被看見」，當時我雖然一直懷疑憲哥是不是「頭殼壞掉」，但還是抱著「不要忤逆師長」的心態硬著頭皮去報名，然後⋯⋯，5 月 20 日我成為台灣第一位站上 TED 舞台為護理發聲的護理師。同年 11 月，台中市政府宣布各區衛生所具護理師證照者，都以護理師任用（簡

單的說，如果持護理師證照、卻以「護士」缺被任用者，等於每月加薪 6,000 元），成為第一個用政策展現尊重護理工作者的縣市。「麥克風加信念」看起來很了不起，其實是「40%的準備」加「40% 就衝」的傻勁。

離開 TED 舞台之後，沒沒無聞的護理師還是護理師，但是憑著準備 40% 就衝的勇氣，我踏進很多此生沒有想過會去的地方（企業總部、股票上市上櫃公司、最高政府機關），做了很多此生沒有想過會做的事（輔導員、講師、培訓師），潔白的護師服有了更多色彩，平凡的生活有了更多精彩，最重要的是，40% 就衝的實踐讓更多人看見「護理不只是護理」，讓護理人看見「護理可以不只是護理」。

看到這裡，如果你還懷疑「真的準備 40% 就可以衝了嗎」？我想告訴你：機會不是給準備好的人，機會是給願意勇敢舉手的人。

如果你都有 40% 的準備了，還不勇敢舉手勇敢衝嗎？！

▎**劉珈妙**（天主教聖馬爾定醫院藥劑科組長）

夢想是什麼？想要什麼，夢裡都有！

除了做夢，還能如何夢想成真？那就只有「衝了！才可以」。

大家常說做人要有點憨膽，但我卻天生沒膽，任何事若無十足把握，都讓我猶豫不決，給我勇氣也無法，因為「勇氣」就只是梁靜茹的歌名罷了。

重溫此書時，正抉擇要不要接受一個工作挑戰，平時的我一定不加思索覺得辦不到，但當下我卻選擇開啓書內的憲哥思維——掌握 X 關鍵變數：（A+B+C）X=S、三點不動一點動、時間 X 專業＝抗壓程度 X 恐懼，以前習慣只問自己可不可以，這次我卻問自己敢不敢？想不想？

我發覺這次給自我的選擇題內竟然沒有 NO 的選項，我肯定自己內心是想接受這個挑戰，那剩下該做的事就只有兩件「確認目標跟找出達成目標的方法」，只要想做的事，都會有方法解決，除非是自身不想做。

擁有一千個想法，都不如開始一個行動！不做的風險一定會大於去做的風險，所以勇敢跨出第一步吧！只要肯穿上鞋、走出門，我們都有機會擁有可以說一輩子的事情。

人生的旅途裡，如果遲遲不敢踩油門上路，永遠不知道路上有哪些美好的風景在等我們，憲哥常說「把車開出車庫，把船開離港口」，因為只有這樣，才有機會發現人生裡的新地圖。

願我們看完這本書後都能勇敢前行，因為「勇敢嘗試」是最棒的人格特質！

林政緯（翅膀男孩）

機會在「再等等」時就空了

2017 年底全國身心障礙演說比賽中，憲哥對拿下第一名的我說「從素人到選手並不簡單，但是從選手到職業選手是更殘酷的挑戰」。因為這句話我決定走出舒適圈，想看看在演說這個賽道上，我「是否夠格」？

有幸搶到價值 3 萬 8 的「知識型網紅」課程，請憲哥擔任教練，接受為期兩個月的考驗，我為了在演練日上進入前三名，絞進腦汁，將十二分鐘的稿子，練習超過一百次，結果，連第三名的邊都沒碰到。回家的路上，昏暗的公車站旁，我問自己：「值得嗎？」

沒有遺憾，但真的不甘心，我要調整思維，繼續衝刺。

　　半年後，憲哥正式官宣，開辦選秀電視節目《誰語爭鋒》，帶著平常心的我第一時間就報名海選，萬萬沒想到，我居然有機會從幾百人中脫穎而出，在第二次海選的現場，當評審唸到我名字時，內心激動不已。

　　那一刻，我以一個普通人的身分，在擂台上證明了這些年的努力，「對的時間，做對的事，而且一定要被看見」！

　　後來我拿下兩次節目 MVP、擔任說出影響力青年隊教練、在 500 人的企業演講中侃侃而談，就是按照憲哥用書中親身實踐的人生哲學跟著去做一次，說做過的事情，做說過的話。

　　這本書是我的教練，當沮喪時他推你一把，膽怯時他踹你一腳，懷疑世界時他給你答案，推薦給你。

我的行動清單

我的行動清單

VW00051
人生準備 40% 就先衝

作　　　者	謝文憲
主　　　編	林潔欣
企劃主任	王綾翊
美術設計	比比司設計工作室
內頁設計	徐思文

總 編 輯	梁芳春
董 事 長	趙政岷
出 版 者	時報文化出版企業股份有限公司
	108019　臺北市和平西路 3 段 240 號 3 樓
	發行專線－（02）2306-6842
	讀者服務專線－ 0800-231-705 · (02)2304-7103
	讀者服務傳真－ (02)2304-6858
	郵撥－ 19344724 時報文化出版公司
	信箱－ 10899 臺北華江橋郵局第 99 信箱
時報悅讀網	http://www.readingtimes.com.tw
法律顧問	理律法律事務所 陳長文律師、李念祖律師
印　　　刷	勁達印刷股份有限公司
一版一刷	2023 年 10 月 27 日
定　　　價	新臺幣 380 元

（缺頁或破損的書，請寄回更換）

時報文化出版公司成立於一九七五年，並於一九九九年股票上櫃公開發行，於二〇〇八年脫離中時集團非屬旺中，以「尊重智慧與創意的文化事業」為信念。

人生準備 40% 就先衝：掌握專業，運用天賦，不斷練習，抓住關鍵變數 / 謝文憲著. -- 一版. -- 臺北市：時報文化出版企業股份有限公司, 2023.10
288 面；14.8*21 公分
ISBN 978-626-374-414-1(平裝)
1.CST: 職場成功法 2.CST: 生活指導
494.35　　112016122

ISBN 9786263744141
Printed in Taiwan